"十三五"普通高等教育本科规划教材

高等院校机械类专业"互联网＋"创新规划教材

产品创新设计与制造教程

赵 波 编著

上海汽车工业教育基金会资助

北京大学出版社

PEKING UNIVERSITY PRESS

内 容 简 介

本书首先介绍产品创新设计、产品快速加工制造方法和产品创新设计的基础知识；然后结合产品创新设计案例，综合讲述了产品创新设计的主要方法：相关部件间建模、自顶向下产品设计及系统工程的方法，并着重介绍了产品创新设计综合实践案例，有助于读者全面深入理解并掌握产品创新设计与制造的理论知识和应用技巧。 书后附有 4 个附录，分别是：理论思考题、创新实践题、学生大作业要求和（可能的）创新案例。

本书可作为大中专院校相关专业的教材或教学参考书，也可作为产品设计人员的高级培训教材，还可供具有一定 NX 软件基础和装配概念的设计人员自学参考。

图书在版编目(CIP)数据

产品创新设计与制造教程/赵波编著. —北京： 北京大学出版社，2017.3
(高等院校机械类专业"互联网+"创新规划教材)
ISBN 978 - 7 - 301 - 27921 - 2

Ⅰ. ①产… Ⅱ. ①赵… Ⅲ. ①机械设计—产品设计—高等学校—教材②机械制造—高等学校—教材 Ⅳ. ①TH

中国版本图书馆 CIP 数据核字(2017)第 006376 号

书　　　　名	产品创新设计与制造教程
	CHANPIN CHUANGXIN SHEJI YU ZHIZAO JIAOCHENG
著作责任者	赵　波　编著
策 划 编 辑	童君鑫　刘晓东
责 任 编 辑	李娉婷
数 字 编 辑	孟　雅
标 准 书 号	ISBN 978 - 7 - 301 - 27921 - 2
出 版 发 行	北京大学出版社
地　　　　址	北京市海淀区成府路 205 号　100871
网　　　　址	http://www.pup.cn　新浪微博： @北京大学出版社
电 子 信 箱	pup_ 6@163.com
电　　　　话	邮购部 62752015　发行部 62750672　编辑部 62750667
印 刷 者	北京溢漾印刷有限公司
经 销 者	新华书店
	787 毫米×1092 毫米　16 开本　11 印张　249 千字
	2017 年 3 月第 1 版　2017 年 3 月第 1 次印刷
定　　　　价	31.00 元

前　　言

　　创新是人类文明进步、技术进步、经济发展的原动力，是国民经济发展的基础。本书为读者提供创新实践、成功创业所需要的知识、技能和行为的学习指导，培养读者的创新精神、创新思维、创新能力和创业素质。

　　NX 软件已经发展成为一套完整的产品设计解决方案，在整个产品开发过程中，它提供给工程人员和设计者技术领先的功能。如何更好地发挥这些功能的效用，更好地协调产品设计过程中的关联参数，以实现零件及产品的关联改变，缩短产品开发周期和实现产品的快速改型，最终满足产品的创新设计要求，是编者编写本书的目的。

　　本书以原美国 UGS 公司高级顾问洪如瑾翻译的《UG WAVE 产品设计技术培训教程》为基础，结合编者二十多年的工作经验编写而成，主要介绍产品创新设计的方法与技巧，共计 6 章和 4 个附录。本书首先介绍了产品创新设计、产品快速加工制造方法和产品创新设计的基础知识；然后结合产品创新设计案例，综合讲述了产品创新设计的主要方法：相关部件间建模、自顶向下产品设计及系统工程的方法，并着重介绍了产品创新设计综合实践案例，有助于读者全面深入地理解并掌握产品创新设计的理论知识和应用技巧，实现产品的创新设计与制造并成功创业。

　　针对课程特点，为了使学生更加直观地理解，也方便教师教学讲解，我们以"互联网＋"教材的模式开发了与本书配套的手机 APP 客户端"巧课力"。读者可通过扫描封二中所附的二维码进行手机 APP 下载。"巧课力"通过 VR 虚拟现实技术和 AR 增强现实技术，将书中的一些结构图转化成可 720°旋转、可无限放大、缩小的三维模型。读者打开"巧课力"APP 客户端之后，将摄像头对准"切口"带有色块或"互联网＋"logo 的页面，即可在手机上多角度、任意大小、交互式查看页面结构图所对应的三维模型。

　　本书具体编写分工如下：上海工程技术大学黄孝慈编写第 1 章，赵波编写第 2～第 5 章，龚勉编写第 6 章，屠建中编写附录。全书由赵波统稿。由于编者水平有限，书中不妥之处在所难免，希望广大读者批评指正。

编　者

2016 年 8 月

【资源索引】

目　　录

第 1 章
产品创新设计与制造方法

1.1 产品创新设计概述

1.1.1 创新

创新是人类文明进步、技术进步、经济发展的原动力，是国民经济发展的基础。在历史上，创新为建立近代科学体系奠定了知识基础；在现代，也正是创新使人类的视野得到前所未有的发展。从目前我国机械产品设计的现状来看，主要还是从事常规设计。而国外的一些先进工业国家，则早已开始研究创新设计，并已从原来固有的设计模式中走出来，鼓励设计人员用新观点、新原理、新功能来设计出前所未有的创新产品。

创新是以新思维、新发明和新描述为特征的一种概念化过程。创新起源于拉丁语，它原意有 3 层含义，第一，更新；第二，创造新的东西；第三，改变。创新是人类特有的认识能力和实践能力，是人类主观能动性的高级表现形式，是推动民族进步和社会发展的不竭动力。一个民族要想走在时代前列，就一刻也不能没有理论思维，一刻也不能停止理论创新。创新在经济、商业、技术、社会学及建筑学这些领域的研究中有着举足轻重的分量。

1. 产品创新

改善或创造产品，能进一步满足顾客需求或开辟新的市场。产品创新源于市场需求，源于市场对企业的产品技术需求，也就是技术创新活动以市场需求为出发点，明确产品技术的研究方向，通过技术创新活动，创造出适合这一需求的适销产品，使市场需求得以满足。在现实企业中，产品创新总是在技术、需求两维之中，根据本行业、本企业的特点，将市场需求和本企业的技术能力相匹配，寻求风险收益的最佳结合点。产品创新的动力从根本上说是技术推进和需求拉引共同作用的结果。

2. 产品创新的动力机制

产品创新可分为全新产品创新和改进产品创新。

（1）全新产品创新是指产品用途及其原理有显著的变化。全新产品创新的动力机制既有技术推进型，也有需求拉引型。

（2）改进产品创新是指在技术原理没有重大变化的情况下，基于市场需要对现有产品所做的功能上的扩展和技术上的改进。改进产品创新的动力机制一般是需求拉引型。需求拉引型，即市场需求→构思→研究开发→生产→投入市场。

3．产品的创新模式

根据创新产品进入市场时间的先后，产品创新的模式有率先创新和模仿创新。率先创新是指依靠自身的努力和探索，产生核心概念或核心技术的突破，并在此基础上完成创新的后续环节，率先实现技术的商品化和市场开拓，向市场推出全新产品。模仿创新是指企业通过学习、模仿率先创新者的创新思路和创新行为，吸取率先创新者的成功经验和失败教训，引进和购买率先创新者的核心技术和核心秘密，并在此基础上改进完善，进一步开发。

1.1.2 产品创新设计

中国工程院院士、原浙江大学校长潘云鹤在谈到产品创新时说，创新有两类，第一类是原理上的改变，如从无到有的创新，原理上发生改变，如科技发明；第二类创新是在第一类的基础上进行改进，这类改进更符合使用者的行为习惯和个性需求，创新性的设计属于其中。换言之，我们常说的所谓产品的个性化，更多是体现在第二类创新上，消费者直接享受的不是科技原理，而是从科技走向艺术的产品。不同的设计风格即代表不同的价值取向，也就是个性化的产品，如图 1.1 和图 1.2 所示。

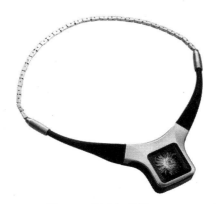

图 1.1 咖啡壶（简捷的外表使操作过程简单明了）　　图 1.2 可以佩戴的 MP3

产品创新设计是工业设计的核心内容，随着社会的发展和进步，产品创新设计所需考虑的因素已不再仅仅局限于外观造型设计和功能设计，更多地需要考虑消费者的使用体验和感受。创新设计是相对于常规性设计而言的，它是产品设计师在当前市场条件下所提出的一种新的设计思路；是对过去产品设计的经验和知识进行创造性的分解组合，而使产品具备新的功能。因此创新性已经成为当前评价产品开发成功与否、是否具有市场前景的一个基本尺度，国内外企业都把创新能力作为产品设计开发能力的首要因素。

任何产品的产生和存在都是为了满足消费者的某种需求，从人类社会不断进步和发展的过程来看，可将产品设计的发展阶段依次分为生存需求设计、舒适需求设计和情感需求设计3个过程。产品设计的侧重点应根据消费者的不同需求层面做出调整，所谓的侧重点就是基于不同需求层面的消费者对产品设计的诉求。生存需求设计领域的侧重点是产品的功能，即产品设计应满足消费者对该产品最基本的功能诉求；舒适需求设计领域的侧重点是产品的实用性，即产品设计在满足消费者功能需求的前提下，还应使产品具有易操作、少故障、易维修等实用性诉求；而情感需求设计领域的侧重点是消费者体验，即使用户在使用或参与产品设计过程中获得愉悦感和满足感。以上分析是根据消费者的阶梯形需求发展而来的，其中功能性在最底部，实用性在中间，而消费者的情感体验在顶部。随着社会的进步和发展，将消费者体验理念融入产品设计能够更全面地满足消费者对产品各方面的需求。

基于消费者体验的产品创新设计，就是以消费者为中心，让消费者的体验结果为产品设计指引方向，让产品设计真正地做到以人为本。在消费者体验设计中，体验要先于设计，即强调设计要尽可能多地为人着想。任何产品的开发和设计，最终目标就是满足人的使用和操作需求，而不能仅凭借设计师不切实际的灵感来完成设计方案。只有在产品中尽量多地融入人性化的元素，才能使其最终成为成功的、为消费者所接受的产品。相反的，若一开始就忽略了实际情况，忽略了消费者的真正需求，忽略了消费者在产品设计中所占的主导位置，就会使产品的设计工作朝着错误的方向发展，而成为不能满足消费者需求的产品。

体验设计的意义在于，在充分全面地考虑消费者使用体验的前提下，对产品的设计方案进行调整和修改，确保消费者在使用了该产品之后，能产生更多的令人愉悦的体验感受而不是令人反感的体验感受，从而使消费者对产品建立起更多的信任感而不是失望感。

图 1.3 所示是由 Isamu Sanada 设计的一款 iPod 概念产品，它在 iPod 本身的外观下可以进行弯曲，进化为手镯。你可以边走路边听美妙的音乐，可以完全无视它的存在。甚至运动的时候也可以随身携带。这实在是太可爱了，不仅可以听音乐，就单纯的作为手镯，也能诱惑不少爱美、追求时尚的女孩子。另外，它有内置蓝牙，手镯一端连接充电器，可以连续使用 16h。

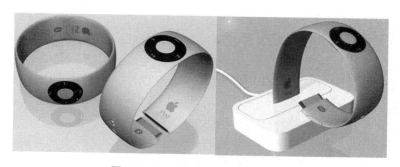

图 1.3 iPod 概念手镯音乐播放器

1.1.3 产品创新设计的原则

产品创新设计时应遵循下面3条基本原则。第一，具备广泛的市场扩散可能。产品创新的目的是面向市场，扩大销售，提高社会消费水平，形成规模经营优势。因此，产品构思不仅要有创新意义，更为重要的是，应充分考虑创新产品的实际可行程度和市场销售潜力。第二，具备稳定的效益增殖条件。经济效益是产品创新的重要出发点和最终落脚点，设计优势不能转化成商品优势，企业经济效益和再生产能力也会受到严重影响。第三，具备较高的技术发展水平。技术含量高，性能先进可靠，是当今产品进步的一个最为重要的指标。我们现在的问题是一方面，技术要求比较高的产品没有达到应有的技术水准；另一方面，许多劳动密集和半劳动密集型产品仍然停留在低层次的结构水平上，因而缺乏竞争力。

"创新不怕错就怕慢"，因为创新没有尽头只有开始，创新也是一个知识累积的过程，一种新的创意，如果没有把握住时期，可能就不算创意了，只有抓住机会，走在别人前面实现，才算真正的创意。在不断的创新中，我们还能学到更多的东西，但创新的同时，肯定会犯错，没有人做出的所有东西都是正确的，在创新上，允许我们犯错，只有在犯错的基础上，才能找出一条更好、更快捷的发展之路，错误也是创新成功路上的奠基石。

在这个信息化爆炸的年代，创意是永远取之不尽、用之不竭的，而创意的本身也是随之出现的，决定这份创意是否合格的标准有时并非作品的完善与否，而是这份创意是不是第一个被提出的。例如，阿里巴巴集团下的支付宝，这个想法应该很早就有人提出了，但是并没有得到实行，所以一直没有开展起来，直到阿里巴巴开创了支付宝这样一个 App，近年来，网购的风行程度无与伦比。

1.1.4　产品创新设计的方法

以市场竞争为基本出发点的产品创新是市场经济的企业行为，是从市场到市场的全过程。企业究竟生产什么是市场需要与企业优势的"交集"，并以能否取得最大的预期投资回报率为最终选择标准。其关键在于正确确定目标市场的需要和欲望，并且比竞争者更有利、更有效地传递目标市场所期望满足的东西。当然，目标市场的需要和欲望并不只是现在的需求，也包括消费者将来可能产生的需求，甚至包括营销者创造的需求。产品创新以现实或潜在的市场需求为出发点，以技术应用为支撑，开发出差异性的产品或全新的产品，满足现实的市场需求，或将潜在的市场激活为一个现实的市场，实现产品的价值，获得利润。

1. 概念创新设计

概念创新设计是指不考虑现有的生活水平、技术材料，而是通过设计师的预见能力所能够达到的范围来考虑人们生活的未来。它是一种开发性的构思，是对未来需求的设计构想，往往对现有的、已倾向于约定俗成的设计观念进行否定和批判，并且融入十分强烈的超前的意识和艺术成分。

2. 形态创新设计

"形态"是传达信息的第一要素。所谓"形态"，是指由内在的品质、组织、结构、内涵等本质因素延伸到外在表象因素，通过视觉而产生的一种生理、心理过程，它与感觉、构成、结构、材质、色彩、空间、功能等要素紧密联系。图 1.4 所示为可弯曲的显示屏手机。

3. 极限创新设计

任何一件产品在实现主要功能的前提下，无论是其使用特性，还是形态结构都存在设

图 1.4　可弯曲的显示屏手机

计构思中所允许达到的极限状态。通过增加或减少产品组件到一定极限来改变产品的使用特性和形态结构，更重要的是减少组件数量这种极限状态。

4. 反向创新设计

反向创新设计是指在产品设计中将思路反转过来，以悖逆常规的途径进行反向创新设计，寻求解决问题的方法。

5. 功能创新设计

从功能入手系统地研究、分析产品，是产品功能创新的主要方法。功能创新设计是指通过功能系统分析，加深对分析对象的理解，明确对象功能的性质和相互关系，从而调整功能结构，使功能结构平衡，功能水平合理，达到功能系统的创新。

6. 结构创新设计

结构创新设计是界面设计的骨架。结构创新设计是指通过对用户的研究和任务分析，制定出产品的整体架构，提供用户测试并进行完善。

7. 交互创新设计

交互创新设计的目的是使用户能简单使用产品。任何产品功能的实现都是通过人和机器的交互来完成的。

8. 视觉创新设计

在结构创新设计的基础上，参照目标群体的心理模型和任务达成进行视觉创新设计，包括色彩、字体、页面等。视觉创新设计要达到用户愉悦使用的目的。

1.2　产品快速加工制造方法

创新产品设计完成后可以使用快速成型加工设备进行加工制造，从而方便客户感受创新产品的价值。

1.2.1　3D 打印技术

3D 打印机又称三维打印机，是一种累积制造技术，属于快速成型技术的一种，如图 1.5 所示。它是一种以数字模型文件为基础，运用特殊蜡材、粉末状金属或塑料等可粘合材料，通过逐层堆叠累积的方式来构造物体的技术（即"积层造型法"）。

图 1.5　3D 打印机

它与普通打印机的工作原理基本相同，打印机内装有液体或粉末等"打印材料"，与计算机连接后，通过计算机控制把"打印材料"一层层叠加起来，最终把计算机上的蓝图变成实物。如今这一技术在多个领域得到应用，人们用它来制造服装、建筑模型、汽车、巧克力甜品等。

3D 打印机与传统打印机最大的区别在于，3D 打印机使用的"墨水"是实实在在的原材料，堆叠薄层的形式多种多样，可用于打印的介质种类多样，从繁多的塑料到金属、陶瓷以及橡胶类物质。有些 3D 打印机还能结合不同介质，令打印出来的物体一头坚硬而另一头柔软。过去 3D 打印机常在模具制造、工业设计等领域被用于制造模型，现在正逐渐用于一些产品的直接制造。特别是一些高价值应用（如髋关节或牙齿，或一些飞机零部件），已经有使用 3D 打印技术打印而成的零部件，这意味着"3D 打印"这项技术得到了普及。

3D 打印技术的魅力在于它不需要在工厂操作，桌面打印机即可打印出需要的小物品，假设一个茶杯，在打印完成后，可以马上用来盛水。而自行车车架、汽车方向盘甚至飞机零件等大件物品，则需要工业用打印机来完成。

3D 打印技术最突出的优点是无须机械加工或任何模具，就能直接从计算机图形数据中生成任何形状的零件，从而极大地缩短了产品的研制周期，提高了生产率和降低了生产成本。与传统技术相比，3D 打印技术通过摒弃生产线降低了成本，大幅减少了材料浪费；而且，它还可以制造出传统生产技术无法制造出的外形，让人们可以更有效地设计出飞机机翼或热交换器。另外，在具有良好设计概念和设计过程的情况下，它还可以简化生产制造过程，快速有效又廉价地生产出单个物品。大多数金属和塑料零件为了生产而设计，这就意味着它们会非常笨重，并且含有与制造有关但与其功能无关的剩余物。3D 打印技术中，生产出的零件更加精细轻盈。图1.6所示为用3D打印机打印的手枪，图1.7所示为用3D打印机打印的汽车外壳，图1.8所示为用3D打印机打印的戒指。

图1.6 用3D打印机打印的手枪

图1.7 用3D打印机打印的汽车外壳

电影《十二生肖》中，成龙在银幕上让我们感觉了3D打印技术的神奇，一向以武打不用替身、追求品质、真实等元素吸引人的成龙大哥，这次也不例外，除了让你欣赏并赞叹他的变化无穷的成龙套路外，还加入了有关3D打印技术的科学元素。在电影里，成龙大哥只用了3min，就基本上让我们明白了什么是3D打印技术。古代文物由于时间长久、战乱或各种原因，损坏众多，工匠们一直都是艰辛地对文物进行修补。故宫早就采用3D打印机对损坏的文物进行修补，复原了大量已被损坏的文物，便于文物的外出展览使用。

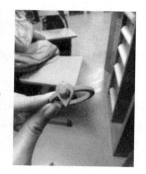

图1.8 用3D打印机
打印的戒指

1.2.2 3D打印技术的发展现状

3D打印技术过去在科研、教学或制造领域被称为快速成型技术。3D打印技术这个更为形象的叫法快速被大众接受和普及。随着材料科学的快速发展，快速成型技术在各个领域均有极大延伸，如打印建筑物、打印汽车、打印人体器官、打印骨骼，而且我们还可以用3D打印机打印自己设计的衣服。首先用扫描仪对自己的身体进行扫描，得到身材的尺寸，然后通过CAD对扫描数据进行加工和修改，这样我们就可以自己打印出衣服和裤子。

近几年"3D打印"成了超前科技的代言词，火遍全球。其实3D打印技术并不能算是一项新技术，它早在20世纪80年代便已产生，只是因为成本巨大，在最近几年才进军艺术界和工业界，用于制造假肢、汽车零部件、家具和珠宝等。

目前美国的3D打印技术较为领先，应用范围更广。2012年，全美第一家3D打印机耗材专营店在纽约曼哈顿的NOHO地区正式开业。据悉，这家商店是由全球3D打印设备领头羊企业MakerBot公司开设的，并推出了最新一代也是该公司的第四代3D打印机"Replicator 2"，该机器具有更加灵巧的外观以及3倍于老款机器的打印精度。据了解，MakerBot零售店里并不提供现场3D打印服务，而且正在销售的3D打印机产品则要价2199美元（约合14000元人民币）。而据MakerBot的未来业务规划显示，该公司还会在2013年初推出第五代机器Replicator2X，该机器可以满足发烧友和专业人士对打印效果的需要。对此，MakerBot的CEO佩蒂斯在早前新闻发布会上说道："我们所推出的新款打印机制定了桌面 3D 印刷的标准。打印出来的东西再也不会像过去那么粗糙了。如果未来零售业务运行良好的话，那就代表 3D 打印将进入主流消费市场。"

而在国内，2011 年 1 月份，华中科技大学材料科学与工程学院副院长史玉升带领的团队成功研制出世界上最大的 3D 立体打印机，并且凭借这一研究成果入选两院院士评选的"2011 年中国十大科技进展"，中国的 3D 打印正在快速发展，从工业和制造业应用开始朝个人和小型化方向发展。

英国《经济学人》杂志认为：这项技术将与数字化生产模式一起推动实现新的工业革命，将 3D 打印技术列为第三次技术革命范畴；美国《时代》周刊已将 3D 打印产业列为"美国十大增长最快的工业"。仅仅几十年后，这项技术就得到了长足的发展。

你可能觉得 3D 打印技术是边缘技术，只有标新立异的人或者是高端设计师才用，但其实在不经意中，你早就接触到了 3D 打印产品。在牙科诊所，很多定制的口腔设备现在都在使用 3D 打印机，如口腔防护器可调整牙齿的排列，牙科医生扫描了牙齿的位置后就可以利用软件制作一个塑料模型，患者戴上数月后就可以把牙齿调整到合适的位置。另外，利用 3D 打印机可以很快制作出牙齿的模型，牙科医生可以现场磨制假牙给患者换上。

1.2.3　3D 打印技术的应用

3D 打印技术能够实现 600DPI（dots per inch，每英寸所打印的点数）分辨率，每层厚度只有 0.01mm，即使模型表面有文字或图片也能够清晰打印。由于打印精度高，打印出的模型除了可以表现出外形曲线上的设计，结构以及运动部件也可以完全展现。如果用来打印机械装配图，齿轮、轴承、拉杆等都可以正常活动，而腔体、沟槽等形态特征位置准确，甚至可以满足装配要求，打印出的实体还可通过打磨、钻孔、电镀等方式进一步加工。同时粉末材料不限于砂型材料，还有弹性伸缩、高性能复合、熔模铸造等其他材料可供选择。人们已经使用该技术打印出了灯罩、身体器官、珠宝、根据球员脚型定制的足球靴、赛车零件、固态电池，以及为个人定制的手机、小提琴等，有些人甚至使用该技术制造出了机械设备。比如，美国麻省理工学院的博士生彼得·施密特就打印出了一个类似于祖父辈使用的钟表的物品。在进行了几次尝试之后，他最终用打印机打印出了塑料钟表，将其挂在墙上，结果，钟开始滴答滴答地走。美国科学家已经研发出了能打印皮肤、软骨、骨头和身体其他器官的三维"生物打印机"。人们还使用三维打印机来制造雕塑并修复雕塑，制造由塑料和聚合物制成的三维物体并打印出了食品。三维打印技术排除了使用工具加工、机械加工和手工加工，而且改动技术细节的效率极高。

目前 3D 打印技术使产品供应链的格局和人们的生活方式都发生了转变，而且它的应用范围之广让人难以置信。下面列举几项和生活密切相关的例子。

1. 食品行业

2012 年英国埃克塞特大学研究人员推出世界首台 3D 巧克力打印机。如图 1.9 所示，研究人员已经开始尝试打印巧克力了。或许在不久的将来，很多看起来一模一样的食品就是用食品 3D 打印机"打印"出来的。当然，到那时可能人工制作的食品会贵很多倍。

2. 建筑设计

在建筑业，工程师和设计师们已经接受了用 3D 打印机打印的建筑模型，这种方法快速、成本低、环保，制作精美，完全合乎设计者的要求，同时又能节省大量材料。

图 1.9   用 3D 打印机打印的巧克力

图 1.10   用 3D 打印机打印的建筑模型

3. 医疗行业

2015 年，一位 83 岁的老人由于患有慢性的骨头感染，因此换上了由 3D 打印机"打印"出来的下颚骨，这是世界上首例使用 3D 打印产品做人体骨骼的案例。

4. 汽车制造业

不是说你的车是 3D 打印机打印出来的（当然或许有一天这也有可能），而是说汽车行业在进行安全性测试等工作时，会将一些非关键部件用 3D 打印的产品替代，在追求效率的同时降低成本。

5. 传统制造业

传统制造业也需要很多 3D 打印产品，因为 3D 打印无论是在成本、速度还是在精确度上都比传统制造好很多，而 3D 打印技术本身非常适合大规模生产，所以制造业利用 3D 技术能带来很多好处，甚至连质量控制都不再是问题。

6. 科学研究

美国德雷塞尔大学的研究人员通过对化石进行 3D 扫描，利用 3D 打印技术做出了适合研究的 3D 模型，不但保留了原化石所有的外在特征，同时还做了比例缩减，更适合研究。

7. 产品原型

例如，微软的 3D 模型打印车间在产品设计出来之后，通过 3D 打印机打印模型，能够让设计制造部门更好地改良产品，打造出更出色的产品。

8.文物保护

博物馆里常常会用很多复杂的替代品来保护原始作品不受环境或意外事件的伤害，同时复制品也能将艺术或文物的影响传播给更多的人。

9.配件、饰品

这是最广阔的一个市场。在未来不管是你的个性笔筒，还是有你半身浮雕的手机外壳，抑或是你和爱人拥有的世界上独一无二的戒指，都有可能是通过 3D 打印机打印出来的。甚至不用等到未来，现在就可以实现。

3D 打印机可以完成很多在现在看起来匪夷所思的事，从某种角度来说，很多想象得到的东西，都可以通过 3D 打印直接得到。在未来，3D 打印还有可能走进千家万户，融入我们的生活中，像计算机一样普及，帮助我们实现产品设计的创新梦想。

图 1.11～图 1.14 所示为一台使用塑料耗材的打印机打印学生创新产品——鸭子模型的过程。

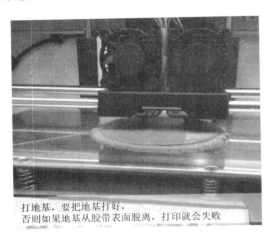

图 1.11　打印地基

图 1.12　打印 25%

图 1.13　打印 60%

图 1.14　鸭子打印成功

1.3 经典案例

1. 新款办公椅

图 1.15 所示为墨西哥艺术设计师 Jakob Gomez 设计的一款新款办公椅,这款椅子能够适应各种不同的家庭和工作环境。巨大的耳罩椅背设计提供了高级的隔音效果,这个设计不仅能满足个人集中注意力的工作需求,还适用于几组人的讨论互动——非常适合开放的工作空间。椅子由 3 种不同的木板制作,有几款基本颜色可供选择。

图 1.15 新款办公椅

2. "猴尾巴"椅

在工业设计中,那些既实用又充满趣味性的设计往往最受大家的喜爱,在解决了生活中的某些问题之余,还能带给我们意外的欢愉,那就再好不过了。所以,当很多人第一眼看到韩国设计师团队 Monocomplex 带来的图 1.16 所示的"猴尾巴"椅时,就不由得会心一笑。尾巴,是猴子身上不可缺少的一部分,它的作用很多,用于表达感情,吸引队友,保持良好的身体平衡。"猴尾巴"椅由不锈钢、木材及皮革 3 种材料制成,并有成人及儿童用两种尺寸。Monocomplex 希望你坐上这把凳子之后,也可以拥有这些能力与额外的乐趣。

3. 椰子椅

什么样的人会想到制作一把看起来像一大块椰子的椅子?又有什么人会想到打造棉花糖沙发这样的主意?这个人曾经说,"所谓总体设计,就是一个把一切的事物关联在一起的过程。"他将现代主义风格带进了美式家具设计领域。这个人就是 20 世纪 50 年代的 George Nelson。1955 年他设计的椰子椅如图 1.17 所示,其设计构思源自椰子壳的一部分,这件椅子尽管看起来很轻便,但由于"椰子壳"为金属材料,其分量并不轻。George Nelson 说,他设计这把椅子的目的就是"让休息室的座椅既坐起来舒适,还能在就座的同时自由地活动身体"。他成功地做到了,椰子椅较浅的两侧和迷人的曲线设计,可让用户以任何姿势就座,同时可以轻松舒适地活动身体,令人称奇。随便你把它叫做什么——

图 1.16 "猴尾巴"椅

经典设计、标志作品，还是一片硬壳热带水果。半个多世纪过去了，它一如既往地看起来美观，坐起来舒适。

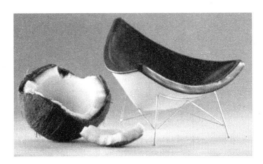

图 1.17 椰子椅

4. 其他创新座椅

图 1.18～图 1.21 所示为 4 款创新座椅。

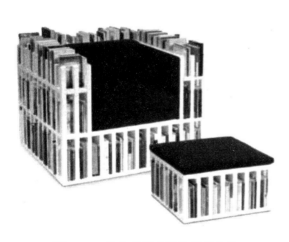

图 1.18 具有书架功能的创新座椅

图 1.19 具有摇椅功能的创新座椅

图 1.20 舒适型创新座椅

图 1.21 具有电子阅读功能的创新座椅

第 2 章
产品创新设计基础知识

产品创新设计是相对于常规性设计而言的，它是产品设计师在当前市场条件下所提出的一种新的设计思路；是对过去产品设计的经验和知识进行创造性的分解组合，而使产品具备新的功能。NX/WAVE 技术有助于实现产品创新设计。

2.1 WAVE 概述

2.1.1 什么是 WAVE?

WAVE（What – if Alternative Value Engineering）是德国西门子公司（原美国 UGS 公司）在其核心产品 Unigraphics（UG）上进行的一项软件开发，是一种实现产品装配的各组件间关联建模的技术。WAVE 于 1997 年在 UG/V13.0 正式推出，到 V14 进入实用阶段。目前 WAVE 技术已发展到更为成熟和实用阶段。

2.1.2 技术背景

回顾 CAD 技术的发展历史，如果说上一次 CAD 业界重大变革是 20 世纪 80 年代的参数化建模，那么 WAVE 就是当前 CAD 技术最新的、最具戏剧性的重大突破。WAVE 通过一种革命性的新方法来优化产品设计并可定义、控制和评估产品模板。参数化建模技术是针对零部件级的，而 NX/WAVE 是针对装配级的一种技术，是参数化建模技术与系统工程的有机结合，提供了实际工程产品设计中所需要的自顶向下的设计环境。

目前，欧美和日本等先进国家和地区已经广泛采用 CAD/CAM 一体化设计，并将传统汽车车身设计的周期从过去的 5～8 年整整缩短一半，取得了极大的经济和社会效益。然而，随着汽车工业的快速发展和人们生活水平的极大提高，用户对汽车的要求也越来越高，从追求性能优越、耐久可靠到乘坐舒适和驾驶安全，目前已发展到追求个性化的车身外形，这无疑是对汽车大批量生产方式的挑战，同时也对汽车车身设计的技术和方法提出了更高的要求。美国通用汽车公司早在 20 世纪 90 年代末期就对产品开发提出了新的目标——将原来开发一个车型所需的 42 个月缩减到 18 个月，目标是缩减到 12 个月，每年推出多种变形车型。显然，这利用目前的零部件级 CAD 技术方法是无法做到。

为了提高企业的产品更新开发能力，缩短产品的开发周期，原美国 UGS 公司适时地推出了带有革命性的全新的产品参数化设计技术 WAVE，它是真正的自顶向下的全相关的产品级设计系统，是参数化造型设计与系统工程的有机结合。

2.1.3 技术原理

WAVE 技术起源于车身设计，采用关联性复制几何体方法来控制总体装配结构（在不同的组件之间关联性复制几何体），从而保证整个装配和零部件的参数关联性，最适合于复杂产品的几何界面相关性、产品系列化和变形产品的快速设计。

WAVE 是在概念设计和最终产品或模具之间建立一种相关联的设计方法，从而对复杂产品（如汽车车身）的总装配设计、相关零部件和模具设计进行有效的控制。总体设计可以严格控制分总成和零部件的关键尺寸与形状，而无须考虑细节设计；而分总成和零部件的细节设计对总体设计没有影响，并无权改变总体设计的关键尺寸。因此，当总体设计的关键尺寸修改后，分总成和零部件的设计自动更新，从而避免了零部件的重复设计的浪费，使得后续零部件的细节设计得到有效的管理和再利用，大大缩短了产品的开发周期，提高了企业的市场竞争能力。

2.1.4 技术方法

首先根据产品的总布置要求和造型定义该产品的总体参数（又称全局参数）；其次定义产品各大总成和零部件间的控制结构关系（类似于装配结构关系），这种控制结构关系使得产品设计的规则和标准具体化；最后建立产品零部件（子系统、子体）间的相关性。从而，我们就可以通过少数的总体或全局参数来定义、控制和更改产品设计，以适应快速的市场变化要求。

例如，对于乘用车来说，车门数、轴距、车身长是全局参数，如果这些总体参数的其中一个发生了改变，无疑都要引起该产品从上向下的整个变动。这种更改和对新方案的评估，在采用传统的设计方案时，需要消耗大量的人力、物力和时间。而采用 NX/WAVE 技术，当某个总体参数改变后，产品会按照原来设定的控制结构、几何关联性和设计准则，自动地更新产品系统中每一个需要改变的零部件，并确保产品的设计意图和整体性。WAVE 技术是把概念设计与详细设计的变化自始自终贯穿于整个产品的设计过程中。实际上，WAVE 的技术原理同样也适用于工程分析、模具设计和制造中。可以说，WAVE 是对 CAD 领域的一场全新的革命。

2.1.5 NX/WAVE 的优点

NX/WAVE 的优点包括以下几个方面。

（1）产品设计更加方便快捷。

（2）数据的关联性使装配位置和精度得到严格的技术保证（甚至可以不建立配对约束）。

（3）易于实现模型总体装配的快速自动更新，当产品控制几何体（装配级）修改后，相关组件的细节设计自动更新，并为缩短设计周期创造了条件。

（4）是概念设计与结构设计的桥梁，概念设计初步完成，细节设计便可同时展开，使并行工程优势得以最大程度的发挥。

（5）易于实现产品的系列化和变形产品的快速设计。

（6）极大地减少了设计人员重复设计的浪费，大大提高了企业的市场竞争能力。

（7）产品设计管理极为方便高效。

2.1.6 NX/WAVE 的主要功能

NX/WAVE 的主要功能包括以下几个方面。

（1）相关部件间建模（Inter‐part Modeling）：是 WAVE 的最基本用法。

（2）自顶向下设计（Top‐Down Design）：用总体概念设计控制细节的结构设计。

（3）系统工程（System Engineering）：采用控制结构方法实现系统建模。

2.2 WAVE 的应用范围

WAVE 方法可以应用于以下几个方面：①定义装配结构和零部件细节设计；②制造计划；③对概念设计进行评估。

2.2.1 定义装配结构和零部件细节设计

1. 定义装配结构

在装配导航器中，按 MB3（鼠标右键）选择弹出菜单中的"WAVE"→"新建级别"（Create New Level，图 2.1）命令可以建立装配结构，该方法与自顶向下装配方法相似，两者都可以在执行一个命令中完成建立组件和相关复制几何体到新组件，在建立空组件时（不复制几何体）两者相同。区别在于自顶向下装配时复制的几何体没有关联性，而且只能对实体（Solid Body）和片体（Sheet Body）进行复制，不能复制实体、片体上的面、边等。而 WAVE 方法采用关联性复制几何体的方法，复制几何体的类型更多，可以包括点（线或边的控制点）、线（实体或片体的边）、面、体、基准等。注意，在组件中的几何体没有参数，不能编辑。

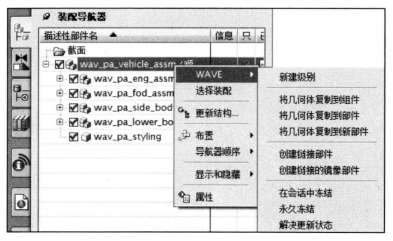

图 2.1 新建级别

2. 零部件细节设计

在一个装配结构中，选择 WAVE 几何链接器或"将几何体复制到组件"（Copy Geometry to Component，图 2.2）命令可以实现组件之间几何体（点、线、面、体、边界、基准等）的关联性复制。一般来讲，关联性复制几何体可以在任意两个组件之间进行，可以是同级组件，也可以在上下组件之间。

图 2.2　在组件之间关联性复制几何体命令

图 2.3 所示为采用 WAVE 方法建立化油器垫片。

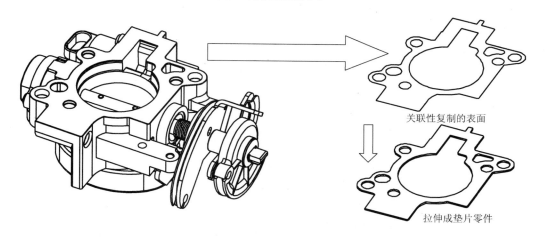

图 2.3　建立化油器垫片

图 2.3 中建立化油器垫片的方法如下：首先将化油器壳体上表面关联性复制到垫片组件，然后拉伸即可生成垫片零件，因此使用 WAVE 方法使得建模更加方便快捷。另外，当化油器壳体的尺寸、相应表面孔的大小位置改变时，垫片会自动更新，从而保证了两个零件参数的全相关。

2.2.2　制造计划

WAVE 可以通过关联性链接方法应用于制造加工过程，模拟一系列"在加工过程中"不同工序的零件模型。

图 2.4 所示为一个零件的两个加工工序，首先将毛坯通过 WAVE 链接方法生成第一个工序，该工序有两个加工步骤，一是加工底平面，二是加工 4 个孔；然后再通过

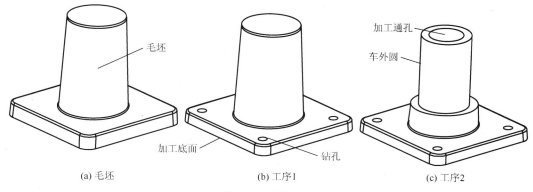

(a) 毛坯   (b) 工序1   (c) 工序2

图 2.4　制造计划

WAVE 链接方法生成第二个工序，将工序 1 模型连接到工序 2，该工序也包括两个加工步骤，一是车外圆，二是加工一个通孔。

由于零件的相关性，毛坯编辑修改后，相应工序 1 和工序 2 的模型会自动更新。

2.2.3　对概念设计进行评估

利用 WAVE 的系统工程方法，通过建立产品控制结构，实现复杂产品的概念设计评估，可以有效地简化设计和缩短产品整体设计的时间，是 WAVE 技术的另一重要应用。

以乘用车设计为例，在概念设计阶段，首先确定乘用车的各种基本性能和要求，再由美工人员绘制车身造型效果图，经过评估，确定造型方案。然后，制作油泥模型，不断地修改调整外形曲面。由于油泥模型制作和曲面光顺调整需要相当长的时间，此时结构设计无法进行，只能等待，因此车身设计的周期难以缩短。

采用 WAVE 方法，在车身造型基本定型，没有大变动的条件下，结构设计可以与油泥模型制作同步进行，在车身曲面需要进行局部调整时，所有细节设计可以实现相关自动更新，大大缩短了结构设计的等待设计，避免了重复设计的浪费。首先根据产品的造型和总布置要求，定义该产品的控制参数（又称全局参数）；其次根据产品的设计准则和标准，定义产品各大总成和零部件间的控制结构关系（与装配结构类似）；最后建立装配零部件（子系统、子体）间的相关性。从而通过控制参数、设计准则和标准来定义、控制和更改产品总成和零部件设计，以适应快速的市场变化要求，实现变形产品设计，图 2.5 所示为基于 WAVE 的车身控制结构。

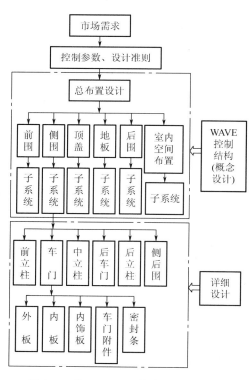

图 2.5　基于 WAVE 的车身控制结构

2.3　WAVE 的基本使用

2.3.1　激活装配导航器的 WAVE 模式

在装配导航器中，按 MB3 可以使用独特的 WAVE 命令，但首先必须激活 WAVE 模式。将光标放在描述性部件名上，按 MB3，在弹出的快捷菜单中选择"WAVE 模式"命令，如图 2.6 所示。

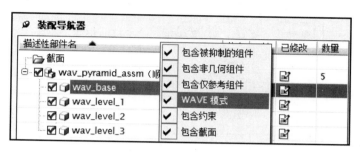

图 2.6　激活 WAVE 模式

2.3.2　在下拉菜单中选择"WAVE"命令

选择"装配"→"WAVE"命令，在弹出的下拉菜单中提供了 WAVE 的相关功能，如图 2.7 所示；选择"插入"→"关联复制"命令，在弹出的下拉菜单中提供了"WAVE 几何链接器""WAVE 接口链接器"和"WAVE PMI 链接器"等命令，如图 2.8 所示；在装配导航器中选择"WAVE 命令"，如图 2.9 所示。

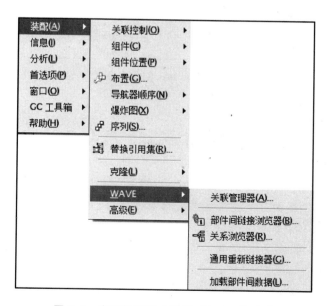

图 2.7　在下拉菜单中选择"WAVE"命令

在装配导航器中可以使用建立组件关联性操作的命令。

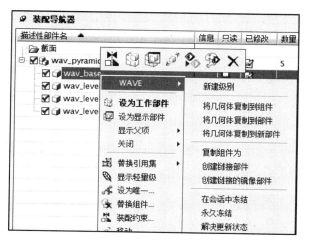

图 2.8　WAVE 几何链接器的使用

图 2.9　在装配导航器中选择"WAVE"命令

2.4　产品创新设计案例：汽车总布置设计

本案例以汽车总布置设计为例，演示如何通过 WAVE 的总体装配控制组件参数的强大功能，实现产品的创新设计。有关细节设计方法将在后续课程中做进一步详细的讨论。

本案例已经完成装配及相关部件建模，同时，组件之间有许多相关联链接几何对象，通过编辑汽车装配总体参数，控制相关零部件的自动更新；通过演示观察并了解组件之间的关联性，了解 WAVE 方法如何控制整个装配，实现产品的创新设计。

第 1 步：选择"文件"→"装配加载选项"命令，打开"装配加载选项"对话框，在其中确认下列选项设置。

加载方法（Load Method）：从文件夹（From Directory）。

加载范围（Load Components）：所有组件（All Components）。

20

使用部分加载（Use Partial Loading）：关闭（OFF）。

第 2 步：打开汽车装配。

（1）从 auto 文件目录中打开 wav_pa_vehicle_assm 装配，结果如图 2.10 所示。该装配正用于设计评审，其中包含足够的几何体，作为概念设计，某些细节还需要进一步修改调整。作为结构设计，用于 WAVE 技术的应用，此时便可以全面展开，从而避免了这一阶段结构设计的等待时间，为缩短产品设计周期创造了有利条件。

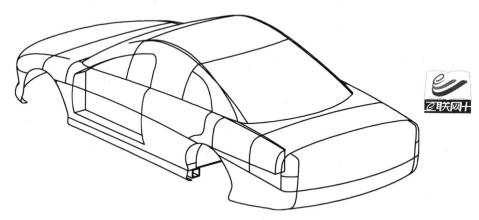

图 2.10 打开 wav_pa_vehicle_assm 装配

（2）单击 按钮，打开装配导航器。

（3）激活 WAVE 模式：将光标放在装配导航器第二行（描述性部件名），按 MB3，在弹出的快捷菜单中选择"WAVE 模式"命令。

（4）展开所有组件：将光标放在装配导航器第二行（描述性部件名），按 MB3，在弹出的快捷菜单中选择"展开所有组件"命令，如图 2.11 所示。

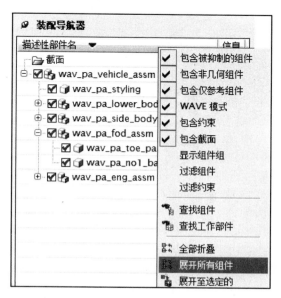

图 2.11 "展开所有组件"命令

展开所有组件后，装配导航器如图 2.12 所示。

描述性部件名 ▼	信息	只读	已修改	数量	引用集
📁 截面					
☑ wav_pa_vehicle_assm〈顺序: 时...		💾	📝	17	
☑ wav_pa_styling	🔗	💾	📝		整个部件
☑ wav_pa_lower_body_assm		💾	📝	4	BODY
☑ wav_pa_rocker_ps	🔗	💾	📝		BODY
☑ wav_pa_rocker_ds	🔗	💾	📝		BODY
☑ wav_pa_floor_pan	🔗	💾	📝		BODY
☑ wav_pa_side_body_assm		💾	📝	3	BODY
☑ wav_pa_body_ring_ps	🔗	💾	📝		BODY
☑ wav_pa_body_ring	🔗	💾	📝		BODY
☑ wav_pa_fod_assm		💾	📝	3	BODY
☑ wav_pa_toe_pan	🔗	💾	📝		BODY
☑ wav_pa_no1_bar	🔗	💾	📝		BODY
☑ wav_pa_eng_assm		💾	📝	5	BODY
☑ wav_pa_fr_tie_bar_ps	🔗	💾	📝		BODY
☑ wav_pa_fr_tie_bar_ds	🔗	💾	📝		BODY
☑ wav_pa_upper_rail_ds	🔗	💾	📝		BODY
☑ wav_pa_upper_rail_ps	🔗	💾	📝		BODY

图 2.12　展开所有组件后的装配导航器

图 2.12 装配节点中 🔗 图标（信息列）代表链接部件，链接部件方法常用于复杂大型装配中的分离控制结构。

第 3 步：打开控制结构装配。

打开 wav_cs_vehicle_assm 装配，如图 2.13 所示。

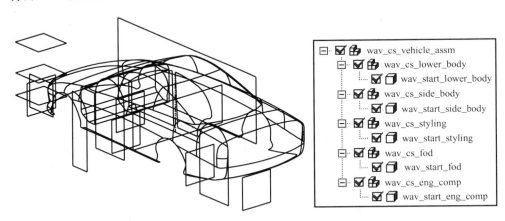

图 2.13　WAVE 装配控制结构

装配控制结构保存了产品总体控制参数，包括重要组件的外形曲面、外形轮廓线以及组件的位置等信息。控制结构中的数据或几何体应该尽可能保持简单，一般采用基准平面、草图和修剪片体等。对于影响多个子装配的重要数据（本例中如车身长、宽、高和轴距等），通常在顶级装配中定义，而更加细节的设计则体现在子装配或部件中。起始部件链接到产品装配的零件中。

第4步：打开延迟更新。

选择"装配"（Assemblies）→"WAVE"→"关联管理器"命令，打开"关联管理器"对话框，勾选"延迟装配约束更新"（Delay Interpart Update）复选框，单击"确定"按钮。

第5步：编辑汽车总体参数。

由于总体参数采用基准平面和草图控制，因此在表达式中判断哪些参数控制了汽车总体参数不够直观。NX 提供了可视化编辑器，采用二维图形方式形象地显示表达式参数所代表的含义。

（1）将视图切换到前视图（Front）方向，以便观察参数及变化。

（2）选择"应用模块"（Application）→"建模"（Modeling）命令或按 Ctrl＋M 快捷键。

（3）选择"工具"（Tools）→"可视化编辑器"（Visual Parameter Editor）命令，打开"可视参数编辑器"对话框，如图 2.14 所示。

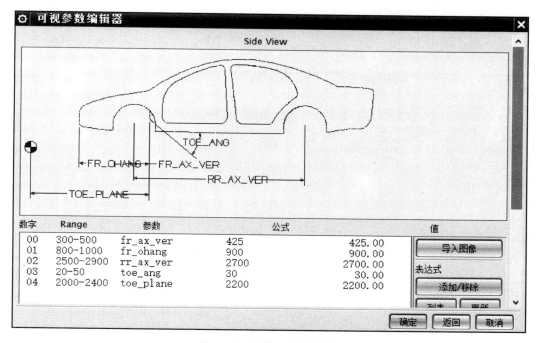

图 2.14 可视参数编辑器

（4）将参数 toe_ang 的值 30 改为 45，如图 2.15 所示，并按 Enter 键。

（5）将参数 rr_ax_ver 的值 2700，改为 2850，如图 2.16 所示，并按 Enter 键。

（6）在"可视参数编辑器"对话框中单击"更新"（Update）按钮。

说明："可视参数编辑器"中的图形是静止图像，编辑参数后图形不会变化。另外，由于"延迟装配约束更新"开关打开，更新只在当前工作部件中进行，所有相关组件暂时不更新。

（7）单击"确定"按钮，关闭"可视参数编辑器"对话框，可以看到装配导航器中有 3 个组件没有更新，如图 2.17 所示。

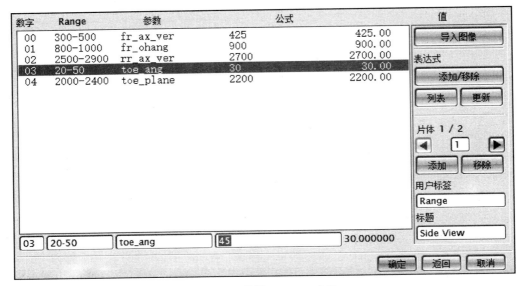

图 2.15　编辑 toe_ang 参数

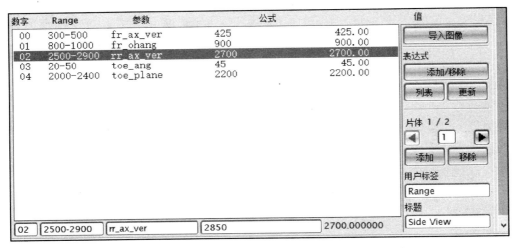

图 2.16　编辑 rr_ax_ver 参数

第 6 步：更新装配中其他组件。

（1）选择"装配"（Assemblies）→"WAVE"→"关联管理器"命令，打开"关联管理器"对话框，如图 2.18 所示。"关联管理器"对话框列出了由于父几何体改变而过期的装载部件，这些部件可以有选择地进行更新。

（2）单击"更新装配"（Update Assembly）按钮，再控制结构装配中的其余部件开始更新。

（3）在"显示部件位置"（Show Part in）下面选中"会话"（Session）单选按钮，此时列出了所有过期的装载部件，这些部件位于产品装配中。

第 7 步：更新产品装配。

（1）将显示部件切换到 wav_pa_vehicle_assm。

装配导航器

描述性部件名 ▲	信息	只读	已修改	数量	引用集	过时
📁 截面						
☑ wav_cs_vehicle_assm（顺序：时间…	💾	📝	11			
⊕ ☑ wav_cs_eng_comp		☐		2	整个部件	
⊕ ☑ wav_cs_fod		☐		2	整个部件	🕐
⊕ ☑ wav_cs_styling		☐		2	BODY	
⊕ ☑ wav_cs_side_body		☐		2	整个部件	🕐
⊕ ☑ wav_cs_lower_body		☐		2	整个部件	🕐

图 2.17　组件更新

图 2.18　"关联管理器"对话框

（2）在 WAVE "关联管理器" 对话框中勾选 "更新后查看"（Review After Updates）复选框。

（3）单击 "更新装配"（Update Session）按钮，更新所有产品装配。

组件更新后，出现 "查看更改"（Review Changes）对话框，如图 2.19 所示，拖动 "之前" 和 "之后" 滑块，系统采用不同透明度来显示模型更新前后的对比。

25

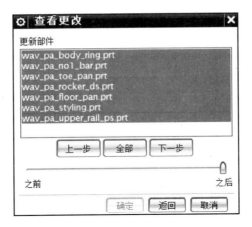

图 2.19 "查看更改"对话框

（4）拖动"之前"和"之后"滑块，观察模型的变化，最后单击"取消"按钮退出"查看更改"对话框，再取消勾选"更新后查看"（Review After Updates）复选框，单击"确定"按钮，效果如图 2.20 所示。

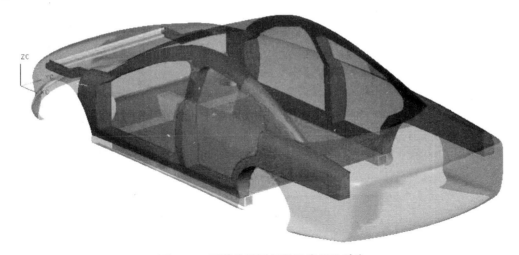

图 2.20 更新前后不同透明度显示对比

说明：为了观察"之前"和"之后"透明度的变化，必须在着色（Shade）模式下，线框显示模式无法显示变化。

第 8 步：关闭所有部件。

第 **3** 章
产品创新设计方法：相关部件间建模

相关部件间建模是 WAVE 最基本的功能，指在一个装配中，利用已有的零件，通过关联性复制几何体的方法来建立另一个组件或在另一个组件上建立特征，从而实现产品的创新设计。首先，我们使用 WAVE 几何链接器建立相关部件间建模。

3.1 WAVE 几何链接器

WAVE 几何链接器是用于组件之间关联性复制几何体的工具，一般来讲，关联性复制几何体可以在任意两个组件之间进行。连接几何体主要包括 9 种类型，对于不同连接对象，"WAVE 几何链接器"对话框中部的选项会有些不同，如图 3.1 所示。当然，也可以

图 3.1 WAVE 几何链接器

选择装配导航器中的"将几何体复制到组件"（Copy Geometry to Component）命令。

"WAVE 几何链接器"与"抽取几何体"（Extract Geometry）对话框和功能很相似，要注意两者的主要区别。

（1）抽取几何体（Extract Geometry）：在同一个 Part 文件抽取几何体（关联性复制）。

（2）WAVE 几何链接器：在两个不同的 Part 文件之间关联性复制几何体。

说明：由于 WAVE 几何链接器包含在装配模块中，不需要特别的许可（License），因此适合于所有购买装配模块的用户。

3.1.1　主要选项说明

（1）隐藏原先的（Blank Original）：在关联性复制几何体后，将原几何体隐藏。

（2）固定于当前时间戳记（At Timestamp）：该选项打开时（缺省的状态是关闭：OFF），所关联性复制的几何体保持当时状态，不随后加的特征对复制的几何体产生作用。使用固定于当前时间戳记（At Timestamp）可以控制从"父"零件到"子"零件的连接跟踪（Tracking）。

① 打开（ON）：如果原几何体由于增加特征而变化，复制的几何体不会更新。

② 关闭（OFF）：如果原几何体由于增加特征而变化，复制的几何体同时更新。

固定于当前时间戳记（At Timestamp）的作用可以根据图 3.2 所示的简单例子加以说明，组件 A 是一个长方体，我们将长方体的上表面关联性复制到组件 B，其结果如图 3.2 中的表面 1 所示。

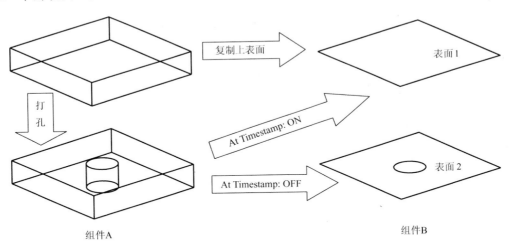

图 3.2　固定于当前时间戳记

当关联性复制完成后，如果我们在组件 A 上再建立一个孔，那么，组件 B 中关联性复制的表面会产生什么变化呢？其结果有两种可能。

① 固定于当前时间戳记（At Timestamp）：关闭——这是默认的关闭状态，此时组件 B 中所复制的表面会随之产生相应的变化，结果如图 3.2 中的表面 2 所示，在表面上形成开孔形状。

② 固定于当前时间戳记（At Timestamp）：打开——此时组件 B 中所复制的表面不会受到开孔的影响，保持了复制时的形状，结果如图 3.2 中的表面 1 所示。

说明： 关联性复制的结果是一关联 ∗ ∗ ∗ 特征，固定于当前时间戳记的状态可以通过双击该特征进行编辑。在实际的设计中，保持复制时的状态非常有用。例如，根据实际需要，可以在一个组件中关联性复制模型的部分特征，在后续的课程中，我们将针对实例对该选项做进一步的说明和实际练习。

3.1.2 操作方法

一般来讲，关联性复制几何体可以在任意两个组件之间进行，可以是同级组件，也可以是上下组件，使用 WAVE 几何链接器时，操作方法如下。

（1）确认欲复制的原组件处于显示状态。

（2）使复制到的组件——目标组件成为工作部件（Make Work Part）。

（3）打开"WAVE 几何链接器"对话框，选择一种连接几何体的类型。

（4）在图形窗口选择要复制的几何体，单击"确定"（OK）或"应用"（Apply）按钮。

图 3.3 所示为一阀门总成，在建立阀盖时采用 WAVE 方法非常简单方便，将阀体上表面关联性复制到相应组件 Cover 拉伸即可，操作方法如下。

（1）打开装配，确认阀体组件打开并且显示。

（2）使用自顶向下装配方法建立一个空的阀盖组件。

（3）使阀盖组件成为工作部件（Make Work Part）。

（4）打开"WAVE 几何链接器"对话框，选择面（Face）作为链接几何体的类型。

（5）在图形窗口选择阀体上表面，单击"确定"（OK）或"应用"（Apply）按钮。

（6）拉伸关联性复制的表面，如图 3.3 所示。

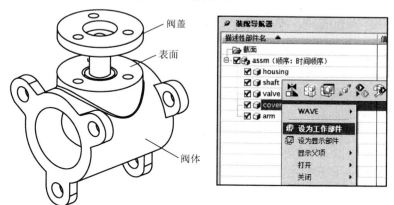

图 3.3　阀门总成及操作方法

3.1.3 关联性复制的限制

一般来讲，使用 WAVE 几何链接器进行几何体的关联性复制可以是任意两个组件，但是在实际应用中必须注意避免"循环"复制。所谓"循环"复制，是指将组件 A 的几何体复制到组件 B，同时又将组件 B 的几何体复制到组件 A，这将导致系统出错。

在图 3.4 所示的例子中，为了保证两个组件装配孔位置的正确，可以在组件 A 上建立连接孔，而组件 B 先不建立孔，然后根据相对位置关系完成装配。完成装配后，再将组件

A 上连接孔的边复制到组件 B，再拉伸与组件 A 作布尔运算"减"即可。采用这种方法不仅连接孔的位置绝对正确，而且建模非常方便，避免了在组件 B 上打孔时计算和操作的麻烦。特别是两个组件装配位置变更后，连接孔的位置会自动调整。

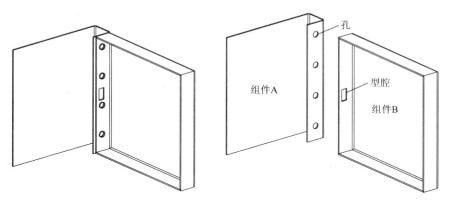

图 3.4 "循环"复制

如果再将组件 B 上型腔轮廓线复制到组件 A，就可能会造成"循环"复制出错。一种情况是拉伸型腔轮廓线成为独立的实体是允许的，但如果为了在组件 A 上形成关联性的方形孔，拉伸后与组件 A 作布尔运算"减"，NX 会显示一"内部出错"提示。

因此，实际操作时正确的方法应该是将方形型腔建立在组件 A 上，与 4 个孔一起关联性复制到组件 B。随着装配中组件数量和模型复杂程度的增加，设计建模过程中经常会出现这种"循环"复制错误。

3.1.4 建立对称件——使用镜像体命令

使用 WAVE 几何链接器建立对称组件非常方便，镜像结果得到的是一连接镜像特征（LINKED_MIRROR），而且镜像结果与原来组件完全相关，不能编辑尺寸参数。但是，镜像的结果可以与原来组件不同，可以通过编辑固定于当前时间戳记（At Timestamp），在链接实体中去除部分特征。操作方法如下。

（1）建立一个新组件。

（2）使该组件成为工作部件。

（3）选择"WAVE 几何链接器"命令。

（4）选择要镜像的组件。

（5）单击"确定"按钮［或按 MB2（鼠标滚轮）切换到第二选择步骤］。

（6）选择镜像基准平面，单击"确定"按钮。

图 3.5 所示为建立对称件实例，在建立对称件之前需要建立对称镜像基准平面，组件 A 是要镜像的组件，组件 C 是镜像结果。

切记：使用 WAVE 几何链接器一定要使复制到的目标组件成为工作部件。

说明：WAVE 镜像体（Mirror Body）命令是在两个组件之间建立关联性镜像体特征的方法，而关联复制中的镜像几何体（Mirror Body）是在同一组件中建立关联性镜像特征的方法，如图 3.6 所示。因此，建立关联性对称件的唯一方法是 WAVE 几何链接器中的镜像体命令。

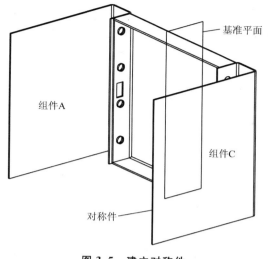

图 3.5　建立对称件

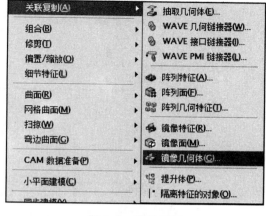

图 3.6　关联复制

3.2　设置 WAVE 更新方式

　　采用 WAVE 连接方法的优点是能够自动更新相关的编辑修改，但是如果一个装配中有许多几何链接，一旦在一个组件中进行编辑，则所有的相关组件马上自动更新，会造成大量等待时间，影响 NX 操作和使用性能。

　　可以选择"装配"→"WAVE"→"关联管理器"命令，打开"关联管理器"对话框，如图 3.7 所示，勾选"延迟装配约束更新"复选框，则所有相关组件不会自动更新。

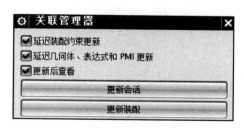

图 3.7　延迟部件间更新

　　更新会话（Update Session）：在确认部件的编辑修改完成后，单击"更新会话"按钮可以进行装配的手动更新。

　　过时（Out of Date）：勾选"延迟装配约束更新"复选框后，对组件进行编辑会造成相关组件的"过时"，过时组件可以在装配导航器中的过时栏查询，如图 3.8 所示，在过时栏目中显示一个时钟图标，代表组件过时，需要更新。

　　如果在缺省的装配导航器中，过时栏目没有显示，可以使用 MB3 快捷菜单进行设置，设置的方法如下：将光标置于装配导航器中第二行标题描述性部件名（Descriptive Part Name）上，按 MB3，在弹出的快捷菜单中选择"列"→"过时"命令，如图 3.9 所示。

描述性部件名 ▲	信息	只读	已修改	数量	引用集	过时
📁 截面						
☑️ wav_pyramid_assm (顺序：时间顺...	💾		📝	5		
☑️ wav_base	💾				整个部件	
☑️ wav_level_1	💾		📝		整个部件	⏱️
☑️ wav_level_2	💾		📝		整个部件	
☑️ wav_level_3	💾		📝		整个部件	

图 3.8　过时组件

由于缺省的过时栏目排列较后，查看该栏目可以将装配导航器水平拉宽，或使用装配导航器底部的水平滚动条。

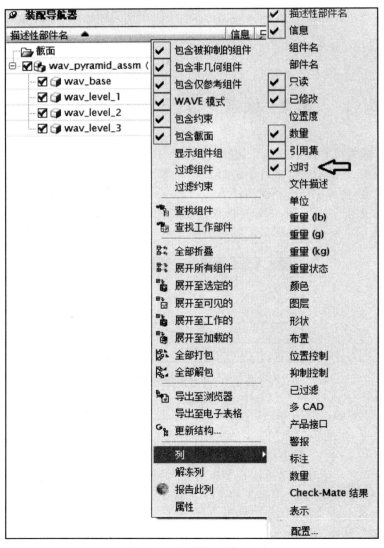

图 3.9　设置过时栏目

也可以按 MB3，在弹出的快捷菜单中选择"列"→"配置"命令，打开"装配导航器属性"对话框进行过时设置，并且可以使用上下箭头 ⬆⬇ 调整过时在装配导航器中的栏目位置，每次单击上箭头或下箭头，该栏目会上下移动一次，如图 3.10 所示。

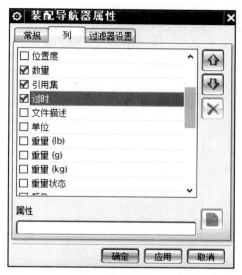

图 3.10 使用"装配导航器属性"对话框设置过时

3.3 WAVE 模式下的装配导航器

通过激活 WAVE 模式，可以在装配导航器中 MB3 快捷菜单增加一 WAVE 选项，在WAVE 子菜单下有 10 个有关 WAVE 操作的命令，提供了建立新装配结构、关联性复制几何体、冻结组件和解决更新状态等多种工具，如图 3.11 所示。

1. 新建级别（Create New Level）

在装配导航器中，选择 MB3 弹出菜单中的"新建级别"命令（图 3.11）可以建立新的装配结构，该方法与自顶向下（Top Down）装配方法相似，两者都可以在执行一个命令中完成建立组件和复制几何体到新组件，在建立空组件时（不复制几何体）两者相同。区别在于自顶向下装配时复制的几何体没有关联性，而 WAVE 方法复制的几何体具有关联性，复制几何体的类型更多，可以包括点（线或边的控制点）、线（实体或片体的边）、面、体、基准等。

2. 将几何体复制到组件（Copy Geometry to Component）

使用 WAVE 导航器快捷菜单建立关联性复制更加方便，无须设置工作部件，只要用光标在装配导航器中直接选择需要复制的组件即可，如图 3.12 所示。这种复制方法更加有利于选择目标，使用 WAVE 几何链接器可以选择装配中任意组件的几何体，而该方法只能选择单一组件内的几何体。因此，在操作时必须将光标置于欲选择的组件上，再按MB3，选择"WAVE"→"将几何体复制到组件"命令。

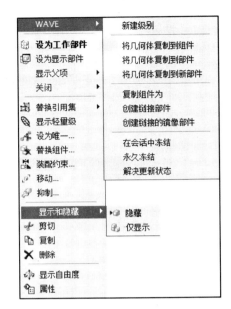

(a) 普通模式   (b) WAVE模式

图 3.11　装配导航器 MB3 快捷菜单

图 3.12　使用 WAVE 导航器快捷菜单

说明："将几何体复制到组件"命令可以在任意组件或子装配之间关联性复制几何体，但是不能复制到总装配。这是与 WAVE 几何链接器的不同之处。

　　选择"将几何体复制到组件"命令后打开"部件间复制"对话框，如图 3.13 所示。第一个选择步骤用于选择需要复制的几何体，第二个图标用于选择复制到的目标组件，目标组件可以在图形窗口中选择，也可以在装配导航器中选择。

　　操作方法如下。

　　（1）在装配导航器中用光标选择原组件，按 MB3 选择"WAVE"→"将几何体复制到组件"命令，打开"部件间复制"对话框。

　　（2）选择一种复制几何体的类型，如体、面、边、基准等。

　　（3）用光标选择要复制的几何体，单击"确定"按钮或按 MB2。

　　（4）用光标选择要复制到的目标组件，单击"确定"按钮或按 MB2。

　　3. 将几何体复制到部件（Copy Geometry to Part）

　　该选项用于将一个组件内的几何对象关联性复制到另一个已经存在的部件中，所建立的连接特征与位置无关，可以选择"编辑"→"特征"→"移动"命令来移动。如果包含链接特征的组件在装配中进行配对或重定位，链接特征将一起移动。执行该选项时系统会显示如图 3.14 所示的信息。

　　（1）单击"确定"按钮：该提示信息将在下一次执行相同操作时再次显示。

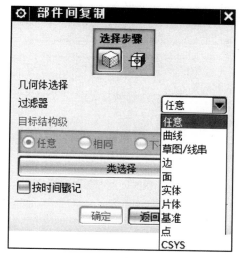

图 3.13 "部件间复制"对话框

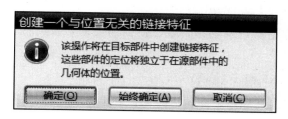

图 3.14 信息提示

（2）单击"始终确定"（OK Always）按钮：在下一次执行相同操作时不再显示该提示信息。

（3）单击"取消"按钮：终止操作。

4. 将几何体复制到新部件（Copy Geometry to New Part）

该选项也是建立一个与位置无关的链接特征，操作方法与将几何体复制到部件相似，区别在于用一个"建立新部件"对话框取代"选择部件"对话框，当建立新部件后，再将几何对象复制到新部件中。

5. 复制组件为（Copy Component As）

该选项以另外的文件名复制一个组件，并且将其加入当前装配中，可以重新建立装配对约束，所复制的组件与原组件没有关联性。如果该组件内没有链接几何对象，相当于另存为再加入装配。如果组件内包含链接几何对象，可以保持链接几何对象的关联性，而另存为会造成链接几何对象关联性的丢失。

6. 创建链接部件（Create Linked Part）

创建链接部件可以根据部件的引用集建立关联性复制，如图 3.15 所示。所建立的部件并不在装配中显示，但却保持与原来部件相关。当原来部件编辑并且关闭后，再打开链接的部件不会更新，只有两个相关部件都打开时，链接的部件才会更新。

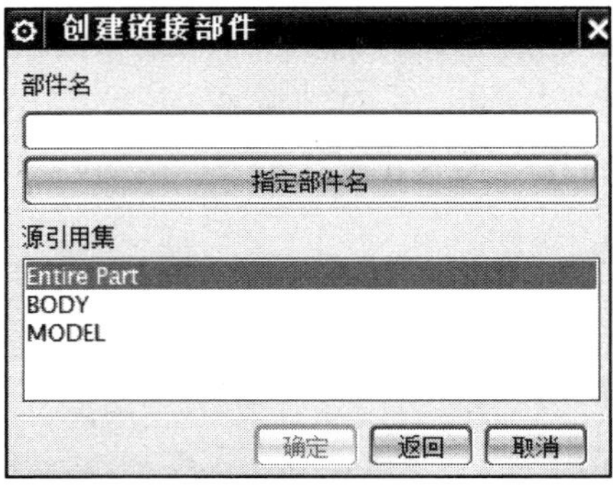

图 3.15 "创建链接部件"对话框

7. 在会话中冻结（Freeze In Session）

该选项用于冻结当前会话中所选择的组件，避免自动更新，即使强制更新，该组件也不会更新，用于改善当前会话的显示和操作性能。当会话终止时，组件会被解冻。

8. 永久冻结（Freeze Persistently）

该选项用于永久冻结所选择的组件，即使强制更新，该组件也不会更新，除非手工解冻。

9. 解决更新状态（Resolve Update Status）

该选项显示一有更新非冻结组件和装载其父组件选项的对话框。

3.4 产品创新设计案例

3.4.1 案例 1：WAVE 几何链接器的基本用法

本案例是一个简单实例，演示 WAVE 几何链接器的基本用法，通过关联性复制几何对象，使部件上的孔与相应销钉直径和位置保持相关一致，从而实现产品的创新设计。

第 1 步：建立 Block_assm 新部件，单位：英寸（in，1in＝2.54cm）。

第 2 步：加一个部件到装配。

（1）选择"装配"（Assemblies）→"组件"（Components）→"添加组件"（Add Existing）命令，打开"添加组件"对话框。

（2）在 misc 目录中选择 wav_block 部件。

（3）在"添加组件"对话框中确认以下设置。

引用集（Reference Set）：整个部件（Entire Part）。

定位（Positioning）：绝对原点（Absolute）。

图层选项（Layer Options）：原始的（Original）。

（4）单击"确定"按钮，组件加入位置使用坐标原点：0,0,0。

（5）将视图切换到正二轴测图（TFR－TRI），结果如图 3.16 所示。

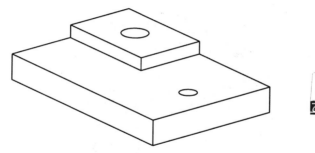

图 3.16 block_assm 装配

第3步：建立销钉新组件。

（1）选择"装配"（Assemblies）→"组件"（Components）→"新建组件"（Create New）命令，打开"新建组件"对话框。

（2）输入部件名 pin，单击"确定"按钮。

（3）在"新建组件"对话框中确认图层选项：原始的，组件原点：绝对坐标系。

（4）单击"确定"按钮建立新组件，装配树如图 3.17 所示。

图 3.17 block_assm 装配树

第4步：将组件 wav_block 中的孔顶边（图 3.18）关联性复制到组件 pin。

（1）使组件 pin 成为工作部件。

（2）使层 15 成为当前工作层。

（3）选择"插入"→"关联复制"→"WAVE 几何链接器"（WAVE Geometry Linker）命令，打开"WAVE 几何链接器"对话框。

（4）选择类型为复合曲线，选择图 3.18 所示的孔顶边。

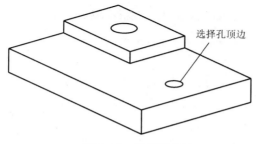

图 3.18 选择孔顶边

第5步：建立销实体。

（1）使层 1 成为当前工作层。

（2）拉伸连接圆，方向向下（−ZC），拉伸长度为 1.5in，结果如图 3.19 所示。

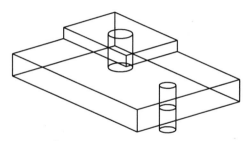

图 3.19　拉伸连接圆

第 6 步：保存所有部件。

第 7 步：更改父几何体，测试相关性。

（1）使 wav_block 成为工作部件。

（2）选择"装配"→"WAVE"→"关联管理器"命令，打开"关联管理器"对话框，确认未勾选"延迟装配约束更新"（Delay Interpart Update）复选框。

（3）编辑简单孔（2）孔特征，将直径改为 0.375，结果如图 3.20 所示。

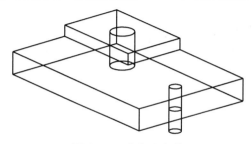

图 3.20　改变孔直径

说明：随着 wav_block 孔径的改变，销的直径和位置同时自动更新，保证了两种装配位置和尺寸的完全一致。

第 8 步：编辑几何链接。

（1）使组件 pin 成为工作部件。

（2）在部件导航器中双击链接的复合曲线（0），打开"WAVE 几何链接器"对话框，如图 3.21 所示。

图 3.21　"WAVE 几何链接器"对话框

（3）在图形窗口选择大孔顶边，按住 Shift 键选择小孔顶边（弃选小孔顶边），如图 3.22所示大孔顶边替换了小孔顶边。

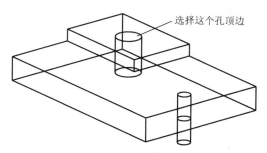

图 3.22　重新选择父几何对象

（4）单击"确定"按钮，结果如图 3.23 所示。

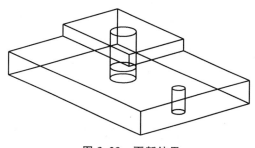

图 3.23　更新结果

3.4.2　案例 2：镜像体

本案例通过镜像体命令建立对称件，然后再编辑时间标记，排除父连接体中的部分特征，从而实现产品的创新设计。

第 1 步：选择"文件"→"装配加载选项"命令，打开"装配加载选项"对话框，在其中确认下列选项设置。

加载方法（Load method）：从文件夹（From Directory）。

加载范围（Load Components）：所有组件（All Components）。

使用部分加载（Use Partial Loading）：关闭（OFF）。

第 2 步：从 misc 文件目录中打开 wav_bracket_assm 装配，如图 3.24 所示。

第 3 步：进入建模和装配模块。

第 4 步：建立新组件。

（1）选择"装配"→"组件"→"新建组件"命令，打开"新建组件"对话框。

（2）输入部件名 bracket_rh，单击"确定"按钮。

（3）在"新建组件"对话框中确认图层选项：原始的，组件原点：绝对坐标系。

（4）单击"确定"按钮建立新组件。

第 5 步：建立镜像体。

（1）使 bracket_rh 成为工作部件。

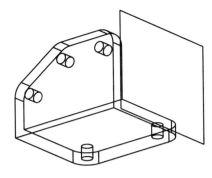

图 3.24　wav＿bracket＿assm 装配

（2）选择"插入"→"关联复制"→"WAVE 几何链接器"（WAVE Geometry Lin-ker）命令，打开"WAVE 几何链接器"对话框。

（3）确认未勾选"固定于当前时间戳记"（At Timestamp）复选框。

（4）选择镜像体（Mirror Body）。

（5）选择实体（托架），确定切换到选择镜像面。

（6）选择图中的基准平面，确定建立对称件，结果如图 3.25 所示。

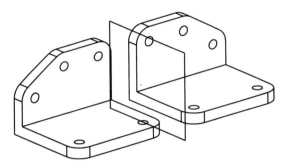

图 3.25　建立对称件（镜像体）

第 6 步：编辑时间标记（At Timestamp），排除 3 个孔。

（1）在部件导航器中双击已链接的镜像体（LINKED＿MIRROR），打开"设置"对话框，如图 3.26 所示。

图 3.26　编辑连接镜像体

图 3.27　勾选"固定于当前时间戳记"复选框

（2）勾选"固定于当前时间戳记"（At Timestamp）复选框。

（3）在特征列表中选择简单孔（5），如图 3.27 所示。

（4）单击"确定"按钮，结果如图 3.28 所示。

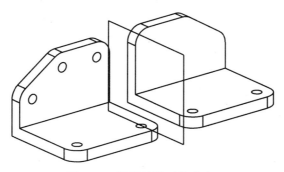

图 3.28　编辑结果（排除孔）

3.4.3　案例3：复制几何体到新部件

本案例采用复制几何体到新部件（Copy Geometry to New Part）的方法建立夹钳另一半，夹钳两个零件除了连接孔外，形状是完全相同的，从而实现产品的创新设计，如图 3.29所示。

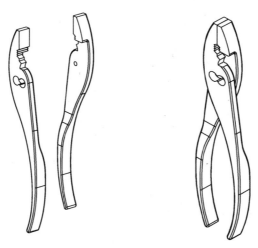

图 3.29　夹钳

第 1 步：建立名为 Plier _ jaw _ assm 的新 Part 文件，单位：英寸，并进入建模和装配模块。

（1）在 misc 目录中加入 wav _ plier _ jaw _ 1 部件。

（2）在"添加组件"对话框中确认以下设置。

引用集（Reference Set）：整个部件（Entire Part）。

定位（Positioning）：绝对原点（Absolute）。

图层选项（Layer Options）：原始的（Original）。

（3）单击"确定"按钮，组件加入位置使用坐标原点：0，0，0，结果如图 3.30 所示。

第2步：将部件 wav_plier_jaw_1 变为工作部件，打开 61 层，出现 3 个基准平面，选择"编辑"（Edit）→"特征"（Feature）→"调整基准平面的大小"（Resize Fix Datum）命令，结果如图 3.31 所示。

说明：位于 61 层的 3 个基准平面将作为后续建立特征的定位基准。

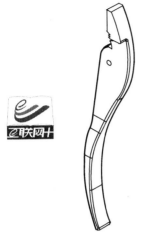

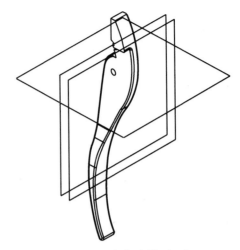

图 3.30　加入夹钳（一）　　　　　　　图 3.31　加入夹钳（二）

第3步：激活 WAVE 模式。在装配导航器中将光标放在标题栏的第二行（描述性部件名）上，按 MB3，在弹出的快捷菜单中选择"WAVE 模式"命令，如图 3.32 所示。

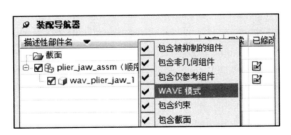

图 3.32　激活 WAVE 模式

第4步：复制几何体到一新部件。

（1）在装配导航器中将光标放在 wav_plier_jaw_1 上，按 MB3，在弹出的快捷菜单中选择"WAVE"→"将几何体复制到新部件"命令，如图 3.33 所示。

（2）出现信息提示，如图 3.34 所示，该操作将建立一个与位置无关的链接几何体，单击"确定"按钮。

（3）打开"建立新部件"对话框，确认当前的目录与 Plier_jaw_assm 装配目录相同，单位为英寸，在文件名文本框中输入文件名 wav_plier_jaw_2，单击"确定"按钮。

（4）选择夹钳和 3 个基准平面，单击"确定"按钮。

第5步：将新建组件 wav_plier_jaw_2 加入装配。

（1）关闭 61 层。

（2）选择"装配"（Assemblies）→"组件"（Components）→"添加组件"（Add Ex-

图 3.33　复制几何体到新部件

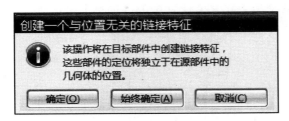

图 3.34　信息提示

isting）命令，打开"添加组件"对话框。

（3）选择新建组件 wav _ plier _ jaw _ 2。

（4）在"添加组件"对话框中确认以下设置。

引用集（Reference Set）：整个部件（Entire Part）。

定位（Positioning）：移动（Reposition）。

图层选项（Layer Options）：原始的（Original）。

（5）单击"确定"按钮，组件加入位置使用坐标原点：0,0,0。

（6）单击"确定"按钮，在绕 Z 轴旋转的角度文本框中输入 180（旋转角），单击"确定"按钮，结果如图 3.35 所示。

图 3.35　加入夹钳（三）

图 3.36　排除孔

编辑部件 wav＿plier＿jaw＿2，勾选"固定于当前时间戳记"（At Timestamp）复选框，去除夹钳上的孔（因为两个夹钳把手除了连接孔不同，其余部分都相同）。

第6步：编辑时间标记，排除孔径。

（1）使组件 wav＿plier＿jaw＿2 为显示部件。

（2）将视图切换到正二轴测图（TFR-TRI），并打开层 61。

（3）在部件导航器中双击链接体特征，勾选"固定于当前时间戳记"（At Timestamp）复选框，在特征列表中选择边倒圆（17），单击"确定"按钮，结果如图 3.36 所示，夹钳上的孔消失。

第7步：在新组件上加入孔。

（1）在组件 Plier＿jaw＿2 上建立两个直径为 0.28 的通孔，采用点在线上定位方式将两个孔定位到 3 个基准平面上，如图 3.37 所示。

（2）在两个孔的相交边上建立半径为 0.03in 的倒圆角，结果如图 3.37 所示。

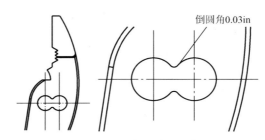

图 3.37　建立孔和倒角

3.4.4　案例 4：建立工序模型零件

使用 WAVE 中的"将几何体复制到新部件"（Copy Geometry to New Part）命令，可以建立零件加工工序模型。通过链接方法，建立模拟加工过程中每道工序的零件模型，并且保证所有模型的关联性，从而实现产品的创新设计。

第1步：建立名为 housing＿process 的部件（单位：英寸），并进入建模和装配模块。

第2步：将毛坯作为第一个组件加入装配。

（1）选择"装配"（Assemblies）→"组件"（Components）→"添加组件"（Add Existing）命令，打开"添加组件"对话框。

（2）在 misc 目录中选择 wav＿housing＿cast 部件。

（3）在"添加组件"对话框中确认以下设置。

引用集（Reference Set）：整个部件（Entire Part）。

定位（Positioning）：移动（Reposition）。

图层选项（Layer Options）：原始的（Original）。

（4）单击"确定"按钮，组件加入位置使用坐标原点：0,0,0，结果如图 3.38 所示。

第3步：对毛坯建立一关联性复制件——第一工序。

（1）在装配导航器中，把光标放在组件 housing＿cast 上，按 MB3，在弹出的快捷菜单中选择"WAVE"→"将几何体复制到新部件"命令。

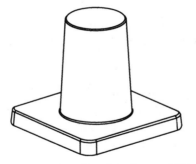

图 3.38　加入第一个组件——毛坯

（2）出现消息提示，单击"确定"按钮。

（3）打开"建立新部件"对话框，确认单位为英寸，输入 housing _ op1，单击"确定"按钮。

（4）选择实体，单击"确定"按钮。

第 4 步：将部件 housing _ op1 加入装配，代表工序 1。

（1）选择"装配"（Assemblies）→"组件"（Components）→"添加组件"（Add Existing）命令，打开"添加组件"对知框。

（2）选择 housing _ op1 部件。

（3）在"添加组件"对话框中确认以下设置。

引用集（Reference Set）：整个部件（Entire Part）。

定位（Positioning）：移动（Reposition）。

图层选项（Layer Options）：原始的（Original）。

（4）单击"确定"按钮，组件加入位置使用坐标：4,4,0。

（5）按 Home 键或 End 键将视图切换到正二轴测图（TFR - TRI），结果如图 3.39所示。

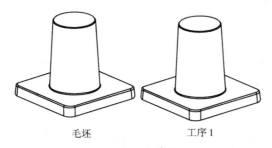

毛坯　　　　　　　　　工序 1

图 3.39　加入第二个组件——工序 1

第 5 步：在部件上加特征，定义工序 1 的加工方法。

（1）使组件 housing _ op1 成为工作部件。

（2）选择"插入"→"偏置/缩放"→"偏置面"，偏置底面－0.125in（代表加工底面操作）。

（3）在零件底座建立一通孔，直径为 0.312in，距离相邻两底边 0.5in。

（4）对该孔建立阵列特征，在 XC、YC 方向偏置 3in，数量各为 2，结果如图 3.40所示。

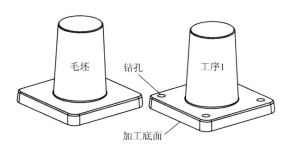

图 3.40　定义工序 1 的加工方法

第 6 步：对毛坯建立一关联性复制件——第二工序。

（1）在装配导航器中，把光标放在组件 housing _ op1 上，按 MB3，在弹出的快捷菜单在选择"WAVE"→"将几何体复制到新部件"命令。

（2）出现消息提示，单击"确定"按钮。

（3）打开"建立新部件"对话框，确认单位为英寸，输入 housing _ op2，单击"确定"按钮。

（4）选择毛坯实体，单击"确定"按钮。

第 7 步：将部件 housing _ op2 加入装配，代表工序 2。

（1）选择"装配"（Assemblies）→"组件"（Components）→"添加组件"（Add Existing）命令，打开"添加组件"对话框。

（2）选择 housing _ op2 部件。

（3）在"添加组件"对话框中确认以下设置。

引用集（Reference Set）：整个部件（Entire Part）。

定位（Positioning）：移动（Reposition）。

图层选项（Layer Options）：原始的（Original）。

（4）单击"确定"按钮，组件加入位置使用坐标：8,8,0。

（5）按 Home 键或 End 键将视图切换到正二轴测图（TFR - TRI），结果如图 3.41 所示。

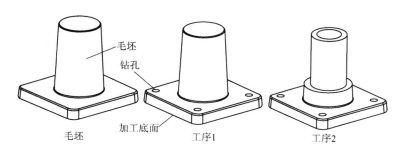

图 3.41　加入第三个组件——工序 2

第 8 步：在部件上加特征，定义工序 2 的加工方法。

（1）使组件 housing _ op2 成为工作部件。

（2）对毛坯外圆锥面建立一矩形槽（Groove）特征，直径为 1.625in，宽度为 2.5in，使特征和部件两者顶部外圆重合定位方式（代表车外圆加工）。

（3）在零件顶面建立一通孔，直径为 1.126in，孔中心与零件顶部圆心重合定位，结果如图 3.42 所示。

图 3.42　定义工序 2 的加工方法

第 9 步：编辑毛坯零件，测试相关性。

（1）使组件 housing＿cast 成为工作部件。

（2）部件特征凸台（Boss），将直径改为 1.5in，高改为 2.75in，单击"确定"按钮，观察相关组件的变化，如图 3.43 所示。

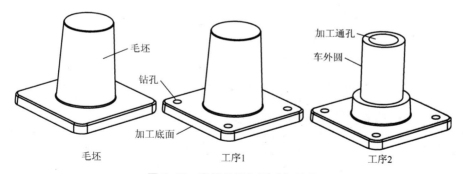

图 3.43　案例结果与测试相关性

3.4.5　案例 5：复制组件和编辑特征

本案例通过飞机机翼骨架中纵梁的设计，学习组件复制的方法。如图 3.44 所示，由于机翼的纵梁形状相似，尺寸不同，建模方法也相同，为了保证模型的相关性，避免重复相同的操作，采用草图作为总体控制几何对象，通过复制组件和编辑特征中替代拉伸定义轮廓线的方法，可以满足快速设计并且保证装配与组件的关联性，从而实现产品的创新设计。

第 1 步：打开 wav＿wing＿assm（在 misc 目录）。

第 2 步：进入建模和装配模块。

如图 3.45 所示，装配包含两个组件：前横梁和后横梁，另外代表机翼内蒙皮的曲面位于装配中。

第 3 步：编辑草图。

（1）编辑草图 PLANFORM，将 Wing＿span 改为 880。

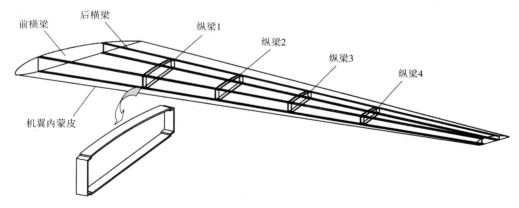

图 3.44　设计意图

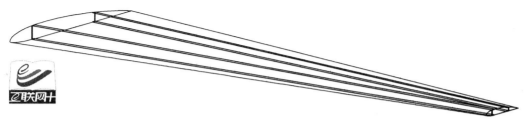

图 3.45　打开 wav_wing_assm 装配

（2）更新装配。

说明：草图（图 3.46）用于控制机翼纵梁的尺寸和装配位置。

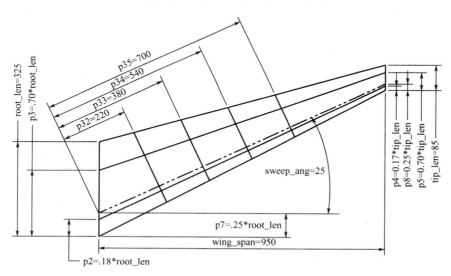

图 3.46　PLANFORM 草图

第 4 步：建立新组件——纵梁 1。

（1）确认工作层为 1，打开层 21 和 81，关闭其他所有的层。

（2）在装配导航器中，把光标放在装配节点 wav_wing_assm，按 MB3，在弹出的快捷菜单中选择"WAVE"→"新建级别"（Create New Level）命令，打开"新建级别"对话框。

（3）输入组件名 rib_1，按 Enter 键。

（4）选择机翼内蒙皮曲面和草图，单击"确定"按钮。

第5步：拉伸草图直线——生成实体。

（1）使 rib_1 成为工作部件。

（2）打开 21 层。

（3）拉伸图 3.47 所示草图中的直线，拉伸参数如下。

开始距离（Start Distance）＝－50

结束距离（End Distance）＝50

第一偏置（First Offset）＝－8

第二偏置（Second Offset）＝0

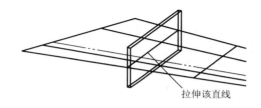

拉伸该直线

图 3.47　拉伸草图直线（一）

第6步：拉伸草图——生成片体。

（1）使 82 层成为工作层（片体建立在 82 层）。

（2）拉伸图 3.48 所示草图中的两条直线，方向沿＋ZC，拉伸参数如下。

开始距离（Start Distance）＝－100

结束距离（End Distance）＝100

第一偏置（First Offset）＝0

第二偏置（Second Offset）＝0

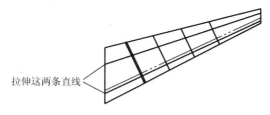

拉伸这两条直线

图 3.48　拉伸草图直线（二）

第7步：使用所建立的两个拉伸片体修剪代表纵梁 1 的实体，结果如图 3.49 所示。

第8步：打开 81 层，用代表机翼内蒙皮的曲面修剪纵梁 1，结果如图 3.50 所示。

第9步：如图 3.51 所示，将两根横梁关联性复制到组件纵梁 1（rib_1）。

（1）使 wav_wing_assm 成为显示部件。

（2）使 rib_1 成为工作部件。

（3）使 15 层成为工作层，打开层 1，关闭其他所有的层。

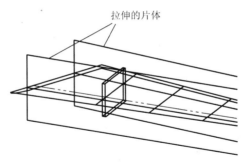

图 3.49　修剪纵梁（一）

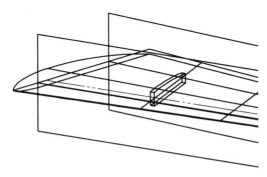

图 3.50　修剪纵梁（二）

（4）使用 WAVE 几何链接器将两根横梁关联性复制到组件 rib＿1，结果如图 3.51 所示。

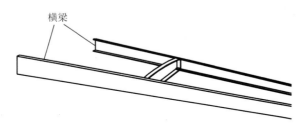

图 3.51　将两根横梁关联性复制到组件纵梁 1

第 10 步：将纵梁组件 rib＿1 减去横梁。

（1）使 rib＿1 成为显示部件。

（2）使层 1 为工作层，15 层可选择，关闭其他所有的层。

（3）将短纵梁减去（Subtract）两根横梁，结果如图 3.52 所示。

第 11 步：对实体建立抽壳特征（Shell），壁厚 1in，结果如图 3.53 所示。

第 12 步：建立第二根纵梁。

（1）将 wav＿wing＿assm 设为显示部件，rib＿1 为工作部件。

（2）在装配导航器中，选择组件 rib＿1，按 MB3，在弹出的快捷菜单中选择"WAVE"→"复制组件为"命令，打开"复制组件为"对话框。

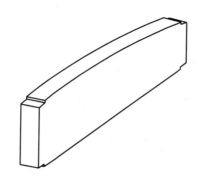

图 3.52　将纵梁组件 rib＿1 减去横梁

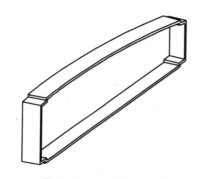

图 3.53　建立抽空特征

（3）输入新组件名 rib＿2，单击"确定"按钮。

（4）在"添加组件"对话框中确认以下设置。

引用集（Reference Set）：整个部件（Entire Part）。

定位（Positioning）：绝对原点（Absolute）。

图层选项（Layer Options）：原始的（Original）。

（5）单击"确定"按钮，组件位于坐标原点 0,0,0；

第 13 步：编辑特征——形成纵梁 2

（1）使 rib＿2 成为显示部件。

（2）确认层 1 和 21 可选择。

（3）在部件导航器中双击拉伸特征，打开"拉伸"对话框。

（4）用光标选择图 3.54 所示的直线 2。

（5）按住 Shift 键，再选择图 3.54 所示的直线 1（用直线 2 替代直线 1），单击"确定"按钮，结果如图 3.55 所示。

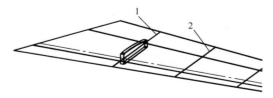

图 3.54　编辑特征——使用替代定义线串

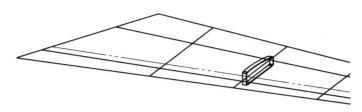

图 3.55　第二纵梁

第 14 步：重复第 12 步和第 13 步，完成其余两根横梁，结果如图 3.56 所示。

第 15 步：编辑草图 PLANFORM，测试相关性。

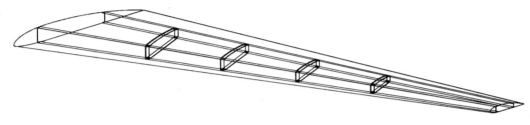

图 3.56　完成其余两根横梁

第 **4** 章
产品创新设计方法:
自顶向下产品设计

4.1 概　　述

自顶向下产品设计是 WAVE 的重要应用之一,通过在装配中建立产品的总体参数或产品的整体造型,并将控制几何对象关联性复制到相关组件,用于控制产品的细节设计。一般的装配方法在装配或子装配节点不包含几何对象,是一个空的文件(后缀 .prt)。而 WAVE 方法却需要在装配节点建立控制几何对象,并且将某些几何对象关联性复制到组件,从"装配"控制相关组件的自动更新。

4.1.1　技术方法

自顶向下设计方法适合于简单产品到中等复杂程度的产品设计,随着产品造型设计的重要性不断提高,现代产品造型的日益复杂,自由曲面的广泛采用,产品开发设计的难度也在不断增加。为了适应市场快速变化的需要,在产品开发过程中经常需要调整外形设计。下面以优盘设计为例,说明自顶向下设计的方法和优越性。

图 4.1 为优盘装配总成图,由于外形是自由曲面,壳体与盖整体造型协调,顶面和底

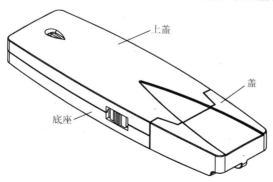

图 4.1　优盘装配总成图

产品创新设计与制造教程

面浮雕造型需要连贯一致。由于造型和结构的需要，优盘总体外形曲面往往需要进行调整，优盘体和盖、上盖和底座之间的分型面、内部电路板装配位置的设计也会变更，这都将导致相关零部件的重新设计。采用 WAVE 方法，通过建立组件之间的关联性，能够控制这种设计变更的自动调整。例如，优盘壳体与电路板之间相关开口形状和位置（USB接口开口、顶面指示灯孔、壳体两侧开口位置等）的自动调整，电路板安装固定座、固定螺钉孔在底座上开口位置的关联性变化，避免了大量重复设计的浪费，使设计效率和正确性都得到了大大提高。

图 4.2 以图形方法显示了优盘的整个装配控制结构，首先在装配节点建立控制总体外形及总体控制尺寸的几何体，并且将此控制几何体关联性复制到造型（Styling）子装配，再将电路板加入装配，并建立装配配对关系。造型子装配用于进行外形细节设计，再以此建立优盘壳体子装配和优盘盖组件。

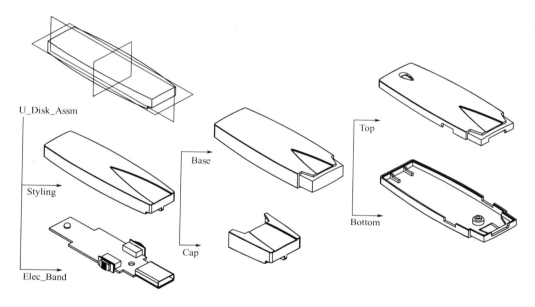

图 4.2　自顶向下装配——WAVE 装配控制结构

图 4.3 显示了整体装配中装配与组件之间关联性示意图。由于整个装配采用全相关设计方法，总装配 U_Disk_Assm 的编辑修改会自始至终传递到所有相关组件，因此概念

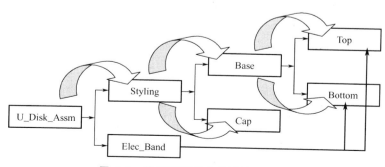

图 4.3　优盘装配总成关联性示意图

设计阶段可以不必考虑过于仔细，细节设计可以同时展开，大大缩短了前期等待时间，真正体现出并行工程的强大优势。

4.1.2 自顶向下 WAVE 方法的优点

自顶向下 WAVE 方法的优点包括以下几个方面。

（1）是概念设计与结构设计的桥梁，概念设计初步完成，细节设计便可同时展开，使并行工程优势得以最大程度的发挥。

（2）数据的关联性使装配位置和精度得到严格的技术保证（甚至可以不建立配对约束）。

（3）易于实现模型总体装配的快速自动更新，当产品控制几何体（装配级）修改后，相关组件的细节设计自动更新，为缩短设计周期创造了条件。

（4）极大地减少了设计人员重复设计的浪费，大大提高了企业的市场竞争能力。

（5）产品设计管理极为方便高效。

4.1.3 新建级别

在装配导航器中，按 MB3，选择弹出菜单中的"WAVE"→"新建级别"（Create New Level）命令（图 4.4）可以建立新的装配结构，该方法与自顶向下（Top Down）装配方法相似，两者都可以在执行一个命令中完成建立组件和复制几何体到新组件，在建立空组件时（不复制几何体）两者相同。区别在于自顶向下（Top Down）装配时复制的几何体没有关联性，而 WAVE 方法复制的几何体具有关联性，复制的结果是一连接特征。复制几何体的类型更多，可以包括点（线或边的控制点）、线（实体或片体的边）、面、体、基准等。

图 4.4　新建级别

执行命令后打开"新建级别"（Create New Level）对话框，如图 4.5 所示。

"新建组别"对话框中选项说明如下。

（1）部件名（Part Name）：用于输入新组件名，并按 Enter 键。

（2）指定部件名（Specify Part Name）：用于选择保存文件的目录，并指定新组件名。

（3）几何体选择（Geometry Selection）：用于选择几何对象类型，以便于几何对象的

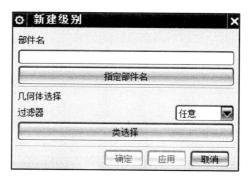

图 4.5 "新建级别"对话框（一）

选择。

（4）类选择（Class Selection）：分类选择，用于指定更加详细的几何对象类型。

操作方法如下。

（1）在装配导航器中用光标选择原组件，按 MB3，在弹出的快捷菜单中选择"WAVE"→"新建级别"（Create New Level）命令，打开"新建级别"对话框。

（2）输入新组件名，并按 Enter 键。

（3）选择要复制的几何体（可选项），单击"确定"按钮或按 MB2 确认。

4.2　组件之间链接查询与管理

采用自顶向下 WAVE 建模方法，大部分组件的原始几何体来自于装配，同时，组件之间还有许多链接几何对象。因此，在单个 .prt 文件中，你可能根本无法编辑修改模型参数。要编辑这些链接特征的参数，必须找到原始组件。

在部件特征列表中往往有许多链接几何体，了解组件之间的链接关系，可以有效地控制整个装配。而且，随着装配中组件数量的增加，特别是对于大型复杂装配，这一点显得更加重要。

4.2.1　查询组件之间的链接关系

在"装配"（Assemblies）→"WAVE"下拉菜单中，NX 提供了相关几何链接查询与管理的多种工具，如图 4.6 所示。

4.2.2　关联管理器

随着装配中组件数量的增加和部件数据越来越复杂，更新整个装配可能需要很长的时间，延迟装配约束更新（Delay Interpart Update）开关有助于改善编辑操作性能。一旦延迟装配约束更新开关打开，相关组件在编辑后不会马上更新，从而在装配中产生过时部件。WAVE 关联管理器用于查询和管理未更新的过时组件，用户可以有选择地对过时组件进行手工更新。

选择"装配"（Assemblies）→"WAVE"→"关联管理器"（Associativity Manger）

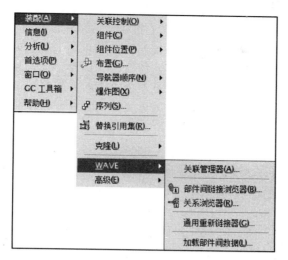

图 4.6　查询与管理组件链接工具

命令，打开"关联管理器"对话框，如图 4.7 所示。

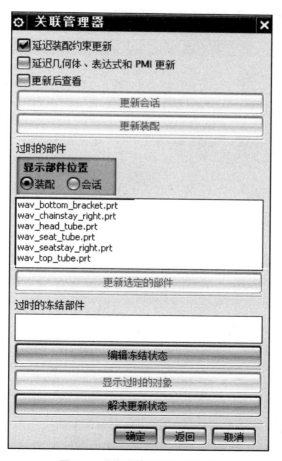

图 4.7　"关联管理器"对话框

说明：在延迟装配约束更新开关关闭时，或装配中没有进行编辑操作，"关联管理器"对话框列表中不会显示任何组件。

（1）更新装配（Update Assembly）：更新当前装配中所有过时组件。

（2）更新会话（Update Session）：更新所有调入内存，并且具有关联性的部件。

说明：更新作业与更新装配的区别在于，由于采用建立链接部件（Create Linked Part）方法建立的链接部件不在装配中显示，而成为独立的但具有关联性的部件，因此更新装配不会更新这些部件，而更新作业则会更新所有具有关联性的部件（部件必须打开装入内存）。

（3）更新选定的部件（Review After Update）：用于对比观察部件更新前后模型的不同，采用不同的透明度显示模型更新前后的变化。该选项必须在延迟装配约束更新（Delay Interpart Update）开关打开时才激活，而且必须使显示方式切换到着色（Shaded）模式。

（4）编辑冻结状态（Edit Frozen Status）："编辑冻结状态"对话框如图 4.8 所示。为了避免自动或手动更新，可以采用冻结组件功能。部件冻结后，即使强制更新也不会使冻结部件产生更新，除非解冻该部件。

冻结部件的用处：第一，在随机更新一个大而复杂的装配时；第二，当知道某些组件编辑会造成更新出错时，可以先编辑想要修改的部件，而后再编辑冻结的部件；第三，采用永久冻结方法可以保护一些重要部件的无意修改。

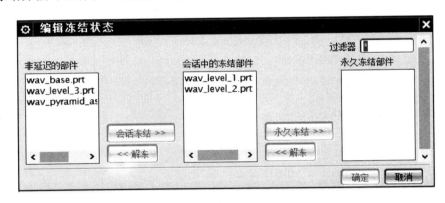

图 4.8 "编辑冻结状态"对话框（一）

"编辑冻结状态"对话框包括非延迟的部件、会话中的冻结部件和永久冻结部件 3 个部分。通过选择对话框中不同状态的部件，再选择会话冻结（Session Freeze）、解冻（Unfreeze）或永久冻结（Persistently Freeze）可以编辑冻结状态。

说明：在对话框中双击非延迟的部件可以使其变为冻结状态，而在冻结或永久冻结列表中双击部件可以解冻。

（5）显示过时的对象（Show Out of Data Object）：用信息窗口显示需要更新的组件，信息中显示了父几何体和相关部件。

（6）解决更新状态（Resolve Update Status）：用于完全加载包含链接几何体的父组件，保证组件的更新，"解决更新状态"对话框如图 4.9 所示。

在对话框中可以选择一个或多个组件，只有选中部件的父组件才加载，通过一个开关可以只加载所选择部件的直接父组件，而不加载所有级别的父组件。

图4.9 "解决更新状态"对话框

4.2.3 部件间链接浏览器

部件间链接浏览器（图4.10）用于查询所选择的部件是否包含相关链接，同时，还提供编辑链接关系等操作。

所有加载的组件在部件（Part）列表中显示，在部件列表中选择一个或多个部件后，在选定部件中的部件间链接（Interpart Links）列表中根据链接类型（Link Type）显示选择部件中所有链接几何对象，以及这些链接几何对象从何组件链接而来。

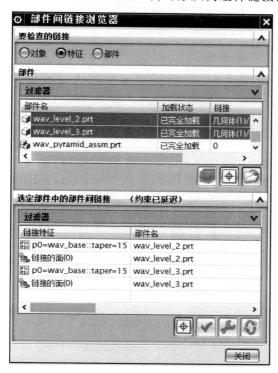

图4.10 "部件间链接浏览器"对话框（一）

4.3 加载 WAVE 数据

为了保证部件的更新，所有组件必须完全加载。完全加载可以采用设为工作部件（Make Work Part）或设为显示部件（Make Displayed Part）的方法。但是，在一个大装配中逐个设置工作部件非常麻烦。下列工具可以自动加载 WAVE 数据，从而保证所有组件的自动更新。

（1）选择"文件"→"装配加载选项"命令。

（2）选择"装配"→"WAVE"→"加载部件间数据"（Load Interpart Data）命令。

（3）选择"装配"（Assemblies）→"WAVE"→"关联管理器"（Associativity Manager）→"解决更新状态"（Resolve Update Status）命令。

4.3.1 装配加载选项

为了保证完全加载并自动更新，可以在打开装配前在"装配加载选项"对话框中进行设置，如图 4.11 所示。

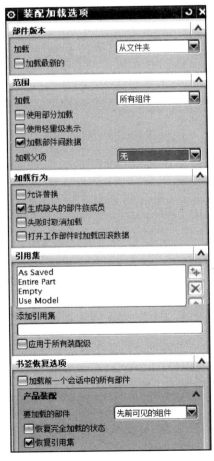

图 4.11 "装配加载选项"对话框

使用部分加载（Use Partial Loading）：含有链接对象的组件不会自动更新，为了保证组件完全加载，打开装配前可以在"装配加载选项"对话框中取消勾选"使用部分加载"复选框。但完全加载会造成打开装配时使用更多内存，打开时间更长。

加载部件间数据（Load Interpart Data）：勾选该复选框，则加载父项（Open Unload Parents）选项激活，该选项用于控制包含链接对象部件如何加载父组件。

（1）无（None）：不加载包含链接对象部件的父组件。

（2）仅限直属级别（Immediate Only）：加载包含链接对象部件的上一级父组件。

（3）所有级别（All Level）：加载包含链接对象部件的所有级父组件。

以图 4.12 为例，组件 A 包含一基准平面，并将其关联性复杂到组件 B，在该基准平面上建立草图，再将草图关联性复杂到组件 C，然后拉伸草图。

图 4.12　加载选项实例

根据加载选项的不同，打开部件 C 的结果也不同，见表 4.1。

表 4.1　加载选项

加载部件间数据 （Load Interpart Data）	加载父项 （Open Unload Parents）	打开部件 C 结果
打开（ON）	无（None）	部件·C 单独打开
打开（ON）	仅限直属级别（Immediate Only）	同时打开 B、C
打开（ON）	所有级别（All Level）	同时打开 A、B、C

4.3.2　加载 WAVE 数据

选择"装配"（Assemblies）→"WAVE"→"加载部件间数据"（Load Interpart Data）命令，可以完全加载包含链接对象的组件，"加载部件间数据"对话框如图 4.13 所示。

（1）所显示装配中的所有部件（Displayed Assembly Parts）：完全加载显示在装配树中所有的部件。

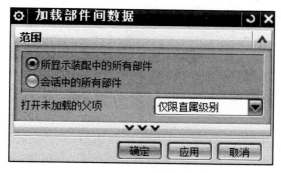

图 4.13　"加载部件间数据"对话框

（2）会话中的所有部件（All Parts in Session）：完全加载作业中所有包含几何链接的相关部件。

（3）打开未加载的父项（Open Unloaded Parents）：该选项与"装配加载选项"对话框中相应选项相同，区别在于该选项是在打开装配后加载父组件。

解决更新状态的方法如下。

选择"装配"（Assemblies）→ "WAVE" → "关联管理器"（Associativity Manager）→ "解决更新状态"（Resolve Update Status）命令，同样可以在打开装配后完全加载 WAVE 数据。当然，也可以通过设置组件成为工作部件的方法完全加载相关部件的数据。

4.4 产品创新设计案例

4.4.1 案例 1：自顶向下装配建模

本案例演示 WAVE 自顶向下装配建模方法，建立手机底座和电池盖，实现产品的创新设计。

创新设计意图：手机底座和电池盖外形曲面与手机整体造型一致并且要求保证关联性，随着手机总体造型设计的变化，这些零部件要求自动更新。另外，手机底座安装孔的大小和位置要求与上盖保持关联性。

手机总成装配爆炸图如图 4.14 所示。

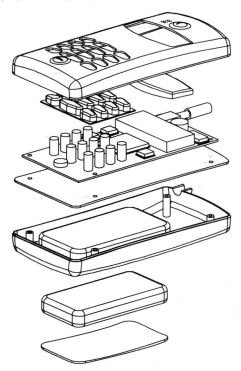

图 4.14 手机总成装配爆炸图

第1步：选择"文件"→"装配加载选项"命令，打开"装配加载选项"对话框，在其中确认下列选项设置。

加载方法（Load Method）：从文件夹（From Directory）。

加载范围（Load Components）：所有组件（All Components）。

使用部分加载（Use Partial Loading）：关闭（OFF）。

第2步：打开手机装配。从 phone 目录中打开 wav_phone_assm，结果如图 4.15 所示。

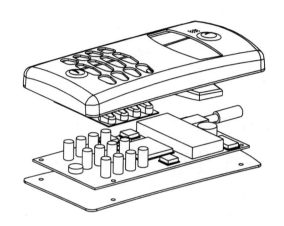

图 4.15　打开 wav_phone_assm 装配

第3步：进入建模和装配模块，激活 WAVE 模式。

手机装配包括电子元件和塑料外壳两个子装配。手机造型与关键组件位置在顶级装配中定义，并将总体参数关联性复制到相应的子装配或组件中。

第4步：单独显示顶级装配，隐藏其他所有组件。

（1）在装配导航器中，将光标置于 wav_phone_assm 装配子节点的选择框，单击，隐藏 wav_phone_assm 装配的两个子装配，如图 4.16 所示。

（2）选择"菜单"→"格式"→"图层设置"命令，打开所有的层，结果如图 4.17 所示。

图 4.17 显示了 wav_phone_assm 装配中的控制几何体，主要包括基准平面和草图，用于控制手机外形尺寸、电路板位置和尺寸、外壳上天线开口位置等。

说明：要显示基准平面的名称，可以通过设置首选项（Preference）→可视化（Visualization），在名称/边界（Name/Borders）下将显示对象名称（Object Name Display）切换到工作视图（Work View），如图 4.18 所示。

第5步：单独显示子装配，隐藏其他所有组件。

（1）使 wav_plastic_assm 成为显示部件。

图 4.16 单独显示命令

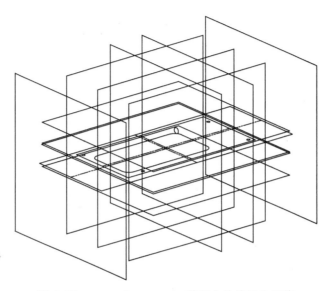

图 4.17 wav _ phone _ assm 装配中的控制几何体

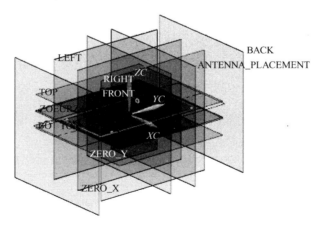

图 4.18 显示对象名称

（2）在装配导航器中，左击，关闭 wav _ plastic _ assm 装配的 4 个子装配。

（3）打开所有的层，结果如图 4.19 所示。

说明： 该子装配中包含更多几何对象，除了顶级装配链接的草图和基准平面外，还有许多定义手机外形的曲面、实体等。

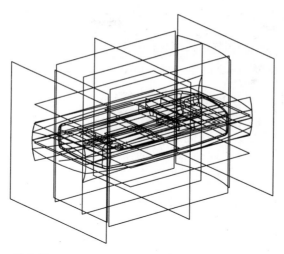

图 4.19   wav_plastic_assm 装配中的控制几何体

第6步：建立新组件——手机底座。

（1）设置层1为当前工作层，打开层10、23、24和61，关闭其他层。

（2）在装配导航器中，将光标置于 wav_plastic_assm 组件，按 MB3，在弹出的快捷菜单中选择"WAVE"→"新建级别"（Create New Level）命令，打开"新建级别"对话框，如图4.20所示。

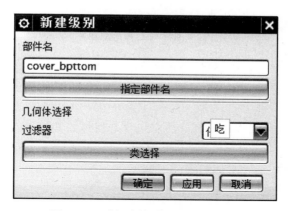

图 4.20   "新建级别"对话框（二）

（3）输入部件名 Cover_Bottom，并按 Enter 键。

（4）在图形窗口中选择下列几何对象。

实体：层10；

电池外形草图：层23；

安装孔草图：层24；

3个固定基准平面：层61。

说明：使用过滤（Filter）可以精确定义选择目标，以便于选择，在本操作中，由于使用层的过滤，可以在图形窗口拉一个矩形选择所有几何体，或按类选择（Class Selection），再选择全选（Select All）帮助快速选择。

（5）单击"确定"按钮，建立新组件，装配导航器如图 4.21 所示。

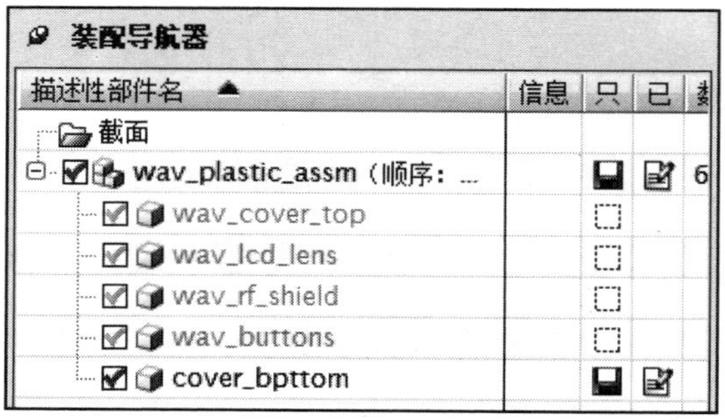

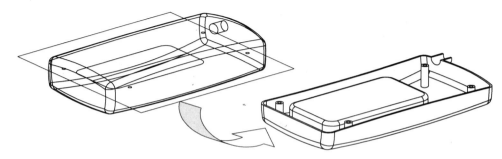

图 4.21　建立新组件

在下面的步骤中，将使用链接几何体建立手机底座，如图 4.22 所示。

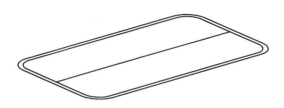

图 4.22　建立手机底座

第 7 步：建立底座电池开口外形轮廓线。

（1）使组件 cover _ bottom 成为显示部件，并将视图切换到正二轴测图（TFR - TRI）。

（2）设置 41 层为当前工作层，打开所有包含几何体的其他层。

（3）选择"插入"（Insert）→"派生的曲线"（Curve Operation）→"偏置"（Offset）命令，打开"偏置"对话框，确认勾选"关联输出"（Associative Output）复选框，将代表电池外形轮廓的草图向外偏置 1.5mm，如图 4.23 所示。

（4）使层 1 为当前工作层。

图 4.23　偏置曲线

第 8 步：建立电池盒。

（1）选择"插入"→"设计特征"→"拉伸"（Extrude）命令，打开"拉伸"对话框。

（2）选择偏置曲线。

（3）选择－ZC 为拉伸方向。

（4）拉伸的距离穿过原有实体即可。

（5）确认所有偏置和拔锥值为 0。

（6）选择求差（Subtract）布尔操作，结果如图 4.24 所示。

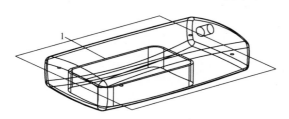

图 4.24　拉伸形成电池盒

第 9 步：在电池盒底边 1 建立半径为 2 的倒角，结果如图 4.25 所示。

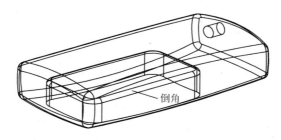

图 4.25　建立倒角

第 10 步：抽空实体——建立手机底座壳体。

（1）选择"插入"→"偏置/缩放"→"抽壳"（Shell）命令，打开"抽壳"对话框。

（2）选择图 4.26(a) 所示的圆柱顶面（天线开口），壁厚为－1mm，结果如图 4.26(b)所示；实体外形代表手机内表面，负抽空结果形成包围该实体的手机外壳。

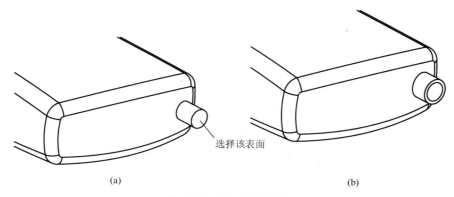

图 4.26　建立抽空特征

第 11 步：建立底座安装凸台。

（1）选择"插入"→"设计特征"→"拉伸"命令，打开"拉伸"对话框。

（2）选择草图中 4 个小圆。

（3）选择－ZC 为拉伸方向。

（4）结束限制选择"直至选定"。

（5）选择实体的底部内表面。

（6）第一偏置输入－1mm（虚线箭头指向圆心），如果虚线箭头方向相反，偏置值为 1mm，第二偏置和拔锥角度为 0。

（7）选择求和（Unit）布尔操作，结果如图 4.27 所示。

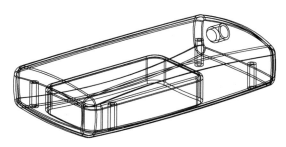

图 4.27　建立安装凸台

第 12 步：选择"插入"→"修剪"→"修剪体"命令，打开"修剪体"对话框，使用水平基准平面修剪掉实体上半部分，形成手机底座，结果如图 4.28 所示。

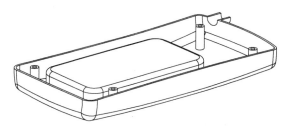

图 4.28　修剪实体形成手机底座

第 13 步：在底座修剪面建立手机壳体配合开口。

（1）选择"插入"→"设计特征"→"拉伸"命令，打开"拉伸"对话框。

（2）选择底座修剪平面外侧边，不要选择天线开口边。

（3）选择－ZC 为拉伸方向。

（4）拉伸距离为 1，如果虚线箭头指向底座中心，第一偏置输入 0.5，如果虚线箭头方向相反，偏置值为－0.5，第二偏置和拔锥角度为 0。

（5）选择求差（Subtract）布尔操作，结果如图 4.29 所示。

第 14 步：保存所有的装配。

下面再建立新组件——电池盖，如图 4.30 所示。

第 15 步：建立新组件——电池盖。

（1）使 wav＿plastic＿assm 成为显示部件和工作部件。

（2）在装配导航器中，将光标置于 wav＿plastic＿assm 装配子节点的选择框，单击，隐藏 wav＿plastic＿assm 装配的所有子装配。

（3）确认层 1 为当前工作层，打开层 23 和 81，关闭其他层。

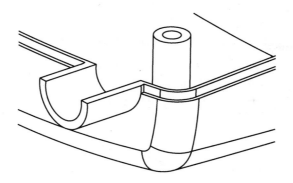

图 4.29   建立手机壳体配合开口

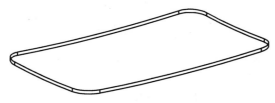

图 4.30   建立电池盖

（4）在装配导航器中，将光标置于 wav_plastic_assm 装配节点，按 MB3，在弹出的快捷菜单中选择"WAVE"→"新建级别"（Create New Level）命令，打开"新建级别"对话框。

（5）输入组件名 battery_cover，并按 Enter 键。

（6）选择片体及草图曲线，如图 4.31 所示。

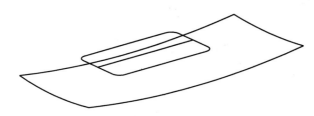

图 4.31   建立电池盖

（7）单击"确定"按钮建立新组件，装配导航器如图 4.32 所示。

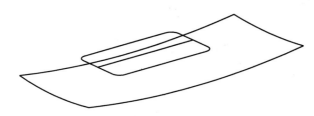

图 4.32   装配导航器

第 16 步：建立电池盖轮廓曲线。

（1）使 battery＿cover 成为显示部件。

（2）将视图切换到正二轴测图（TFR－TRI）。

（3）设置 41 层为当前工作层，打开所有包含几何体的其他层。

（4）选择"插入"（Insert）→"派生的曲线"（Curve Operation）→"偏置"（Offset）命令，打开"偏置"对话框，勾选"关联输出"（Associative Output）复选框，将代表电池外形轮廓的草图向外偏置 0.4mm，如图 4.33 所示。

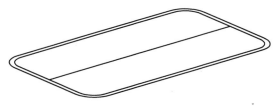

图 4.33　偏置曲线

（5）使层 1 为当前工作层。

第 17 步：建立电池盖实体。

（1）选择"插入"→"偏置/缩放"→"加厚"（Thicken Sheet）命令，打工"加厚"对话框。

（2）选择片体，第一偏置输入－1，单击"确定"按钮，结果如图 4.34 所示。

（3）选择"插入"→"设计特征"→"拉伸"（Extrude）命令，打开"拉伸"对话框。

（4）选择偏置曲线。

（5）选择－ZC 为拉伸方向。

（6）拉伸的距离穿过片体即可。

（7）确认所有偏置和拔锥值为 0。

（8）与实体求交（Intersect），结果如图 4.35 所示。

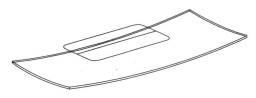

图 4.34　加厚片体

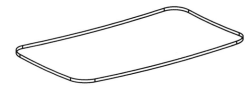

图 4.35　建立电池盖

第 18 步：重新显示所有组件，替换引用集。

（1）使 wav＿plastic＿assm 成为显示和工作部件。

（2）使层 1 成为工作层，关闭其他所有的层。

（3）在装配导航器中，将光标置于 wav＿plastic＿assm 的子结点，不隐藏其所有子结点。

（4）选择"格式"（Format）→"引用集"（Reference Sets）命令，打开"引用集"对话框，选择 Body 引用集。

（5）选择新建立的两个组件 cover _ bottom 和 battery _ cover，单击"确定"按钮。

第 19 步：切换引用集，编辑爆炸图。

（1）使 wav _ phone _ assm 成为显示和工作部件。

（2）将 wav _ plastic _ assm 引用集切换到 Body。

（3）选择"装配"（Assemblies）→"爆炸图"（Exploded View）→"编辑爆炸图"（Edit Explosion）命令，将新建立的两个组件移动到合适的位置，结果如图 4.36 所示。

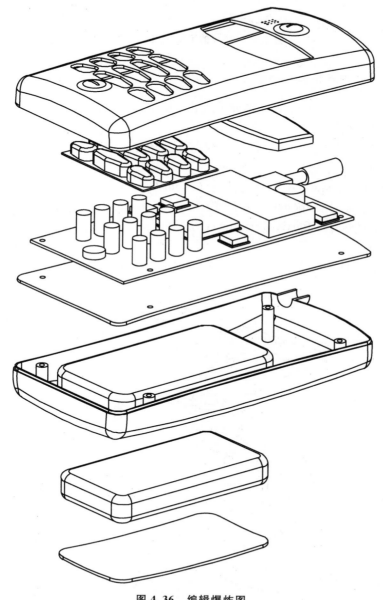

图 4.36　编辑爆炸图

第 20 步：选择"装配"（Assemblies）→"爆炸图"（Exploded View）→"隐藏爆炸图"（Hide Explosion）命令，再旋转图形，观察完成的手机，结果如图 4.37 所示。

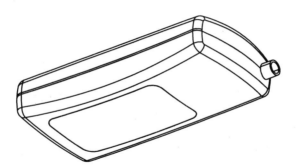

图 4.37　完成的手机底座和电池盖

4.4.2　案例 2：查询手机链接关系

本案例使用关联性管理工具，查询手机装配中组件之间的几何链接关系，从而进一步掌握产品创新设计意图。

第 1 步：选择"文件"→"装配加载选项"命令，打开"装配加载选项"对话框，在其中确认下列选项设置。

加载方法（Load Method）：从文件夹（From Directory）。

加载范围（Load Components）：所有组件（All Components）。

使用部分加载（Use Partial Loading）：关闭（OFF）。

第 2 步：打开手机装配。

（1）从 phone 目录中打开 wav_phone_assm，结果如图 4.38 所示。

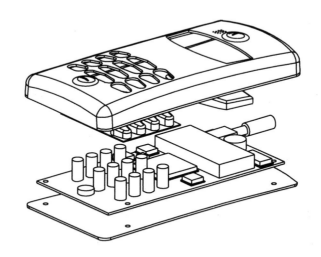

图 4.38　打开 wav_phone_assm 装配

第3步：查看手机电池模型特征。

（1）选择"装配"（Assemblies）→"WAVE"→"部件间链接浏览器"（Part Link Browser）命令，打开"部件间链接浏览器"对话框。

（2）在对话框中选择 wav_battery 组件。

说明：手机电池包含一个链接草图。

（3）在相关部件链接列表中选择 LINKED：链接的草图（0），如图4.39所示。

图4.39 "部件间链接浏览器"对话框（二）

（4）单击"设为显示部件"（Display Chosen Part）按钮，电池成为显示部件，如图4.40所示。

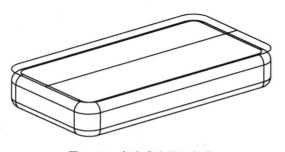

图4.40 电池成为显示部件

（5）打开部件导航器，观察电池特征列表（图4.41），电池由连接草图、拉伸和倒角3个特征组成。由于第一个特征是链接的草图，要改变总体尺寸，必须编辑原始草图。

图 4.41 建立电池的特征

第4步：查看原始草图所在的组件。

（1）在"部件间链接浏览器"对话框中，将要检查的链接切换到对象。

（2）在图形窗口选择草图，对话框中部显示了该草图链接路径，如图 4.42 所示，结果显示该草图来自于顶级装配 wav_phone_assm。

图 4.42 查看电池链接草图的原始组件

（3）选择 wav_phone_assm，单击"设为显示部件"（Display Chosen Part）按钮，手机装配 wav_phone_assm 成为显示部件，需要编辑的草图位于该装配中。

第5步：查询编辑手机装配会影响哪些组件。

（1）在"部件间链接浏览器"对话框中，将要检查的链接切换到部件。

（2）列表中显示了与该草图具有关联性链接的所有组件，如图 4.43 所示。

（3）单击"关闭"按钮退出对话框。

第6步：查询编辑该草图会影响哪些组件。

（1）使层 23 成为当前工作层，关闭其他所有层，如图 4.44 所示。

（2）选择"装配"（Assemblies）→"WAVE"→"部件间链接浏览器"（Part Link

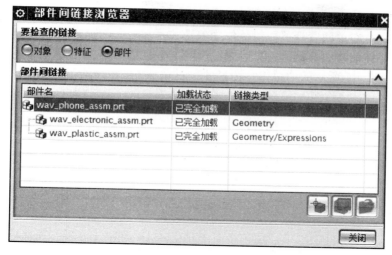

图 4.43　切换部件导航器

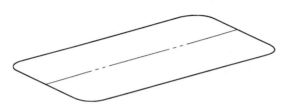

图 4.44　电池轮廓草图

Browser）命令，打开"部件间链接浏览器"对话框，将要检查的链接切换到对象。

（3）在图形窗口选择草图，对话框中部显示了与该草图具有链接关系的所有加载的部件，如图 4.45 所示。

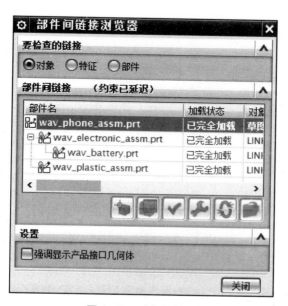

图 4.45　对象导航器

第 7 步：编辑草图，并且延迟部件更新。

（1）确认在"在关联管理器"对话框中勾选"延迟装配约束更新"复选框。

（2）在几何导航器中选择该草图，按 MB3，在弹出的快捷菜单中选择"编辑参数"命令，打开如图 4.46 所示的"编辑草图尺寸"对话框。

图 4.46 "编辑草图尺寸"对话框

（3）选择 battery _ width 表达式，将尺寸改为 25，按 Enter 键。

（4）单击"确定"按钮。

第 8 步：更新所有的组件。

（1）打开层 1、2，显示所有的组件，按 MB3，在弹出的快捷菜单中选择"适合窗口"（Fit）命令，全屏显示装配。

（2）所有与草图相关的组件开始更新。

第 9 步：关闭部件不存储。

4.4.3 案例 3：关联管理器

本案例利用关联管理器控制手机装配中组件的更新，从而进一步掌握产品创新设计意图。

第 1 步：选择"文件"→"装配加载选项"命令，打开"装配加载选项"对话框，在其中确认下列选项设置。

加载方法（Load Method）：从文件夹（From Directory）。

加载范围（Load Components）：所有组件（All Components）。

使用部分加载（Use Partial Loading）：关闭（OFF）。

第 2 步：打开手机装配。

（1）从 phone 目录中打开 wav _ phone _ assm。

（2）选择"装配"（Assemblies）→"WAVE"→"关联管理器"（Associativity Manger）命令，打开"关联管理器"对话框确认勾选"延迟装配约束更新"（Delay Interpart Update）和"延迟几何体、表达式和 PMI 更新"及"更新后查看"（Review After Updates）复选框，单击"确定"按钮。

（3）选择"工具"（Tools）→"表达式"（Expression）；

（4）编辑下列表达式并更新装配：

> battery_width＝30
> phone_width＝65

第3步：有选择地更新相关组件，同时观察受到编辑影响的组件。

（1）确认层 1、2 可选择。

（2）选择"装配"（Assemblies）→"WAVE"→"关联管理器"（Associativity Manger）命令，打开"关联管理器"对话框，如图 4.47 所示。

首先进行子装配的更新，子装配下面的组件虽然包含链接对象，但由于其直接父组件还未更新，因此可以稍后进行。

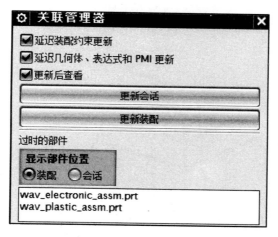

图 4.47 过时的子装配

（3）选择两个子装配，选择更新装配。

由于直接父组件已经更新，因此列表中显示了下一级过时的组件，如图 4.48 所示。

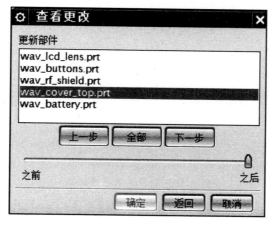

图 4.48 查看更新变化

（4）在部件列表中选择 wav＿cover＿top 组件。

（5）拖动"之前"或"之后"（Before/After）滑块，观察图形的变化。

（6）最后单击"取消"（Cancel）按钮，关闭所有的部件。

4.4.4　案例 4：更新完全加载的组件

本案例将说明装配加载选项（Load Options）的用法为确保加载了 WAVE 数据和组件的更新，从而进一步掌握产品创新设计意图。

第 1 步：选择"文件"→"装配加载选项"命令，打开"装配加载选项"对话框，在其中确认下列选项设置。

加载方法（Load Method）：从文件夹（From Directory）。

加载范围（Load Components）：所有组件（All Components）。

使用部分加载（Use Partial Loading）：关闭（OFF）。

加载部件间数据（Delay Interpart Date）：关闭（OFF）。

第 2 步：打开 wav＿pyramid＿assm 装配（在 misc 目录），如图 4.49 所示。

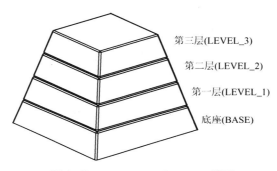

图 4.49　wav＿pyramid＿assm 装配

装配包括 4 个组件，第一个组件（底座）使用拔锥拉伸而得，第二个组件（第一层）是拔锥拉伸底座上表面（关联性复制）而成，第三个组件（第二层）是拔锥拉伸第一层上表面（关联性复制）而成，第四个组件（第三层）是拔锥拉伸第二层上表面（关联性复制）而成，组件链接关系如图 4.50 所示。整个装配通过定义部件间表达式而保证所有组件的拔锥角度相同。

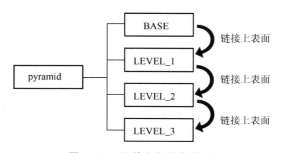

图 4.50　组件之间连接关系

第 3 步：确认在"关联管理器"对话框中未勾选"延迟装配约束更新"（Delay Interpart Update）复选框。

第4步：部件底座（Base）尺寸，更新其他组件。

（1）使 wav_base 成为工作部件。

（2）将表达式 Width 改为 4。

由于所有组件完全加载，装配立即全部更新，如图 4.51 所示。

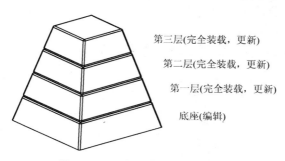

图 4.51　完全加载组件立即更新

4.4.5　案例 5：更新部分加载的部件

本案例演示了在部分加载条件下，打开装配后如何完全加载并且更新组件，从而进一步掌握产品创新设计意图。

第1步：选择"文件"→"装配加载选项"命令，打开"装配加载选项"对话框，在其中确认或设置下列加载选项。

加载方法（Load Method）：从文件夹（From Directory）。

加载范围（Load Components）：所有组件（All Components）。

使用部分加载（Use Partial Loading）：打开（ON）。

加载部件间数据（Delay Interpart Date）：关闭（OFF）。

第2步：确认在"关联管理器"对话框中未勾选"延迟装配约束更新"（Delay Interpart Update）复选框。

第3步：打开 wav_pyramid_assm 装配（在 misc 目录）。

第4步：部件底座（Base）尺寸，更新其他组件。

（1）使 wav_base 成为工作部件。

（2）将表达式 Width 改为 4.5。

由于其他组件是部分加载，因此没有更新，如图 4.52 所示。

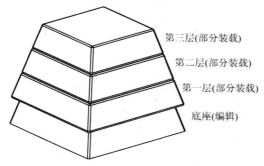

图 4.52　部分加载组件立即更新

第5步：完全加载并更新所有相关部件。

（1）选择"文件"→"装配加载选项"命令，打开"装配加载选项"对话框，勾选"加载部件间数据"复选框。

（2）选择"装配"（Assemblies）→"WAVE"→"加载部件间数据"（Load Interpart Data）命令，打开"加载部件间数据"对话框，勾选"所显示装配中的所有部件"（Displayed Assembly Parts）复选框。

由于所有组件现在已经完全加载，组件全部更新，如图 4.53 所示。

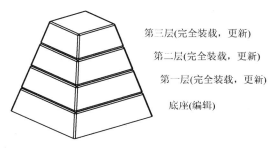

图 4.53　完全加载与更新

4.4.6　案例 6：完全加载父组件

本案例只打开单个组件并修改参数，然后打开并且更新包含链接对象的组件，从而进一步掌握产品创新设计意图。

第1步：选择"文件"→"装配加载选项"命令，打开"装配加载选项"对话框，在其中确认或设置下列加载选项。

加载部件间数据（Load Interpart Data）：关闭（OFF）。

第2步：确认在"关联管理器"对话框中未勾选"延尺装配约束更新"（Delay Interpart Update）复选框。

第3步：打开 wav_base 部件（在 misc 目录），如图 4.54 所示。

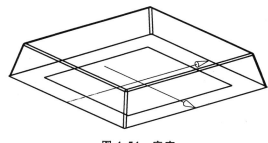

图 4.54　底座

第4步：部件底座（Base）尺寸：将表达式 Width 改为 3.75。

第5步：保存并且关闭部件。

第6步：打开部件 wav_level_1，如图 4.55 所示。

由于底座 Base 是 wav_level_1 的父组件，而底座没有打开，因此 wav_level_1 组件不会更新。为了保证相关组件 wav_level_1 的更新，底座必须加载。

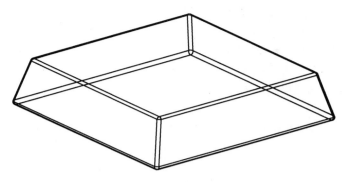

图 4.55 av＿level＿1 组件

第 7 步：加载父组件并且更新 wav＿level＿1 组件。

（1）选择"装配"（Assemblies）→"WAVE"→"加载部件间数据"（Load Interpart Data）命令，打开"加载部件间数据"对话框。

（2）在"加载部件间数据"对话框中，将打开未加载的父项（Open Unloaded Parents）选项改为仅限直属级别（Immediate Only）。

（3）在"加载部件间数据"对话框中勾选"所显示装配中的所有部件"（Displayed Assembly Parts）复选框。

由于父组件已经完全加载，wav＿level＿1 组件更新，如图 4.56 所示。

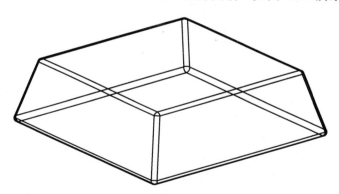

图 4.56 加载父组件后 wav＿level＿1 更新

4.4.7 案例 7：打开父组件

案例 6 中编辑底座参数，并且更新了 wav＿level＿1 组件，但是其余组件仍然没有更新。本案例演示打开过时的组件，并且自动加载父组件，从而进一步掌握产品创新设计意图。

第 1 步：选择"文件"→"装配加载选项"命令，打开"装配加载选项"对话框，在其中确认或设置下列加载选项。

加载方法（Load Method）：从文件夹（From Directory）。

加载范围（Load Components）：所有组件（All Components）。

使用部分加载（Use Partial Loading）：打开（ON）。

加载部件间数据（Delay Interpart Date）：关闭（OFF）。

应用于所有装配级（Apply to All Assemblyletels）：打开（ON）。

第2步：打开 wav＿level＿3 组件；此时状态栏显示组件在更新。

（1）选择"装配"（Assemblies）→"WAVE"→"加载部件间数据"（Load Interpart Data）命令，打开"加载部件间数据"对话框。

（2）在"加载部件间数据"对话框中勾选"所显示装配中的所有部件"（Displayed Assembly Parts）复选框。

（3）在"加载部件间数据"对话框中，将打开未加载的父项（Open Unloaded Parents）选项改为所有级别（All Levels），因此打开组件 wav＿level＿3 时，其所有父组件同时打开。

第3步：确认在"关联管理器"对话框中未勾选"延迟装配约束更新"（Delay Interpart Update）复选框。

第4步：使 wav＿pyramid＿assm 装配成为显示部件，则所有组件都得到更新，结果如图 4.57 所示。

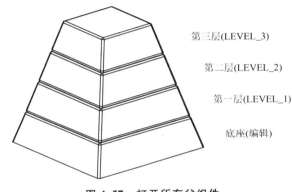

第三层(LEVEL_3)

第二层(LEVEL_2)

第一层(LEVEL_1)

底座(编辑)

图 4.57　打开所有父组件

4.4.8　案例 8：冻结组件

本案例学习冻结组件、延迟更新的方法，从而进一步掌握产品创新设计意图。

第1步：选择"文件"→"装配加载选项"命令，打开"装配加载选项"复选框，在其中确认或设置下列加载选项。

加载方法（Load Method）：从文件夹（From Directory）。

加载范围（Load Components）：所有组件（All Components）。

使用部分加载（Use Partial Loading）：打开（OFF）。

加载部件间数据（Delay Interpart Date）：关闭（ON）。

第2步：打开 wav＿pyramid＿assm 装配（在 misc 目录），如图 4.49 所示。

第3步：冻结链接组件，防止更新。

（1）选择"装配"（Assemblies）→"WAVE"→"关联管理器"（Associativity Manger）命令，打开"关联管理器"对话框。

（2）确认勾选"延迟装配约束更新"（Delay Interpart Update）复选框。

（3）单击"编辑冻结状态"（Edit Frozen Status）按钮，打开"编辑冻结状态"对话框，如图 4.58 所示，此时没有组件冻结。

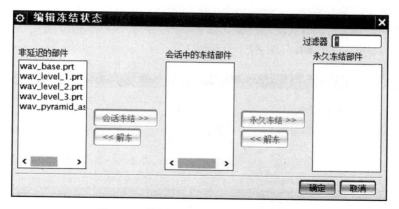

图 4.58　"编辑冻结状态"对话框（二）

（4）在非延迟的部件（Non - Delayed Parts）列表中选择 wav _ Level _ 2 和 wav _ Level _ 3 组件。

（5）单击"会话冻结"（Session Freeze）按钮，再单击"确定"按钮。

说明：上面的操作冻结了两个组件，也可以在列表中双击组件，使其成为冻结状态。

第4步：编辑底座，更新装配。

（1）使组件 wav _ base 成为工作部件。

（2）将表达式 Width 改为 4.25，结果如图 4.59 所示。

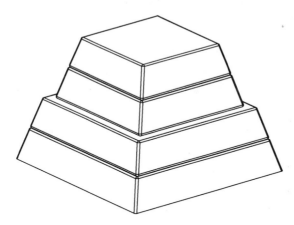

图 4.59　更新结果——冻结组件没有更新

说明：由于顶部两个组件被冻结，因此，即使强制更新，冻结的组件也不会更新。

第5步：解冻组件。

（1）选择"装配"（Assemblies）→"WAVE"→"关联管理器"（Associativity Manger）命令，打开"关联管理器"对话框。

此时，在过时的冻结部件（Out of Data Frozen Parts）列表中显示组件 wav _ Level _ 2，而 wav _ Level _ 3 没有过时是由于父组件 wav _ Level _ 2 还没有更新。

（2）单击"编辑冻结状态"（Edit Frozen Status）按钮，打开"编辑冻结状态"对话框，此时没有组件冻结。

（3）在会话中的冻结部件（Session Frozen Parts）列表中选择两个冻结组件。

（4）单击"解冻"（Unfreeze）按钮，如图 4.60 所示，再单击"确定"按钮返回"关联性管理器"对话框，结果所有组件自动更新。

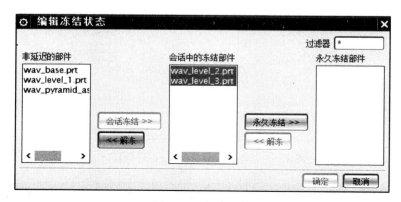

图 4.60　解冻组件

（5）关闭所有部件，不保存。

第 **5** 章
产品创新设计方法：
系统工程的方法

5.1　自顶向下产品设计概论

5.1.1　自顶向下产品设计流程

产品设计流程应该以市场与用户需求为依据，这些需求往往确定了产品某些关键尺寸参数，这些关键参数通常作为产品总布置设计的依据，并且成为结构细节设计的基础。

以对汽车产品的需求为例，通常涉及整车性能、安全性、外观造型、价格等多方面要求。这些性能要求往往是决定整车参数的重要依据，如发动机功率、总体尺寸、主要总成的结构，从而成为汽车总布置设计提供了关键尺寸。

图 5.1 显示了自顶向下设计总体流程图，我们可以将需求看作一种目标，总布置设计是为了满足这一目标而形成的一系列约束条件，而最终的设计结果则是产品。

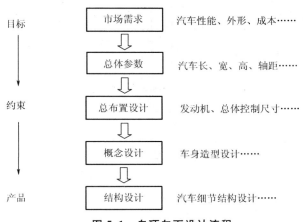

图 5.1　自顶向下设计流程

5.1.2 自顶向下产品设计存在的问题

对于简单或中等复杂产品的设计，自顶向下设计方法是非常实用和高效的设计方法。随着产品复杂程度的提高和零部件数量的激增，如汽车、飞机等大型复杂产品往往包含成千上万个零件，如此大型复杂的装配，会造成对计算机硬件要求过高。在总体设计和方案论证阶段，通常不需要非常详细的结构，将所有的零部件装配成一个总成会造成工作斜率低下，主次不分的状况。

另外，由于设计技术人员的数量相当庞大，设计管理和协调的难度也越来越大。例如，总布置设计的更改，需要通知相关设计人员；结构细节设计与总布置设计不协调，也必须反馈到总体设计。特别是在结构设计全面展开后，如果产品有重大设计的变更，会造成产品总体设计控制变更非常困难，甚至全部推倒重来。因此，对于复杂产品，总体设计往往需要考虑得非常仔细，避免重复设计的浪费，但是这将增加后续结构设计的等待时间，使产品设计周期难以缩短。

5.2 系统工程设计方法

系统工程方法与自顶向下设计方法类似，但采用模块化设计技术，将一个大型复杂产品分解为总体控制结构和若干具有关联性的子系统，避免了过于庞大的装配结构。每个子系统都来自于控制结构，在保持与控制结构相关联的条件下，可以相对独立地展开设计工作，同时满足产品总体设计的要求。

以汽车产品开发为例，可以对总布置设计建立一个控制结构，如建立发动机、车身、底盘等几大系统，再建立各自的子系统，如车身子系统的前围、后围、车门、地板等。控制结构只需确定总体控制参数、外形曲面等一系列最基本和主要的控制参数，而不包括细节的结构设计，如车门轮廓的形状、尺寸、位置等。然后再在控制结构最底层建立用于细节结构设计的子装配，如将车门分解为内板、外板、车门内饰、密封条等，如图 5.2 所示。

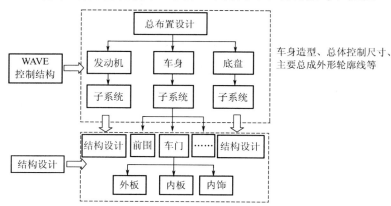

图 5.2 系统工程——WAVE 装配控制结构

系统工程方法的优点如下。

(1) 总布置设计采用自顶向下方法控制整个产品的设计，总布置的修改通过约束定义的更新传递给子系统设计人员。

（2）零部件在总布置设计变更时会强制更新，保证了零部件与总布置的协调，提高了产品模型数据的重复利用率。

（3）设计要求和变更的自动传递，使得设计管理更加方便高效。

5.2.1　WAVE 控制结构

WAVE 控制结构是一个装配。在保证关联性的条件下，使用控制结构方法，可以将产品总布置设计和子系统分离出来，形成各自独立的装配结构，以满足总体控制和结构细节设计的不同需要，特别适用于大型复杂产品的设计。

控制结构的重要特性如下。

（1）由关键产品参数驱动。

（2）体现了设计规则。

（3）为产品设计传递约束条件。

在 WAVE 控制结构的顶级装配中，通常包含产品的关键参数，如汽车轴距或飞机机身长度。这些参数用于驱动几何对象，如基准、草图、外形曲面等，而几何对象定义了子系统的约束并体现了设计规则，如图 5.3 所示。

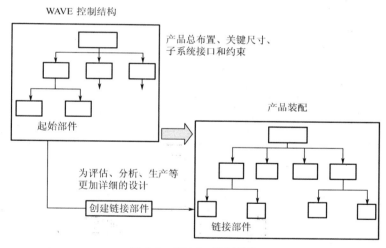

图 5.3　WAVE 控制结构

控制结构与产品装配子系统之间采用链接部件方法，建立独立的关联性部件。在控制结构中看不到链接部件。另外，由于链接部件是单独部件文件，因此需要另外定义产品子系统的装配结构。

5.2.2　实施要点

系统工程方法适合于大型复杂产品。因此，对于特定产品的企业，在实施系统工程初期，应该针对产品特点，仔细规划控制结构方案，为未来产品的高效率开发打下坚实和良好的基础。

在控制结构尽可能简单合理的基础上，定义影响产品设计的总体控制参数应该尽可能完善，以便于产品总体设计方案的评估与控制。

另外，由于产品复杂，整个设计团队的人员数量众多，制订合理、完善的设计标准同样非常重要。例如，制订部件命名规则、文件的保存位置、图层设置标准、标准件库的建立方法等。采用建立标准部件模板的方法，是实现上述设计标准的有效措施，可以大大提高标准实施的效率。同时，在模板文件中还可以增加适合于企业标准的不同规格的图纸边框等。

5.3　控制结构实施方法

5.3.1　建立起始部件

在 WAVE 控制结构装配完成之后，可以为相关子系统建立起始部件。起始部件一般是控制结构中最底层的组件，如图 5.4 所示，通常作为一个或多个链接部件的起始点，一个起始部件可以同时控制多个子系统。为了便于后续创建链接部件，通常需要在起始部件中建立一个或多个特定的引用集。起始部件可以采用 WAVE 的新建级别（Create New Level）方法建立，或采用自顶向下装配方法（Create New）建立。由于整个控制结构是一个装配，所有控制结构中的组件与普通装配没有区别，因此为了便于观察组件是否具有链接部件，可以在起始部件命名时增加一个"Start _"前缀。

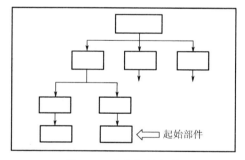

图 5.4　建立起始部件

5.3.2　创建链接部件

链接部件是独立于控制结构装配的关联性部件，其中包含起始部件中全部或部分细节几何对象，与起始部件保持相关性。在控制结构装配中不显示链接部件。链接部件可以单独存在，也可以作为组件加入子系统装配。创建链接部件的方法如下：在控制结构装配中，选择需要链接的起始部件，按 MB3，在弹出的快捷菜单选择"WAVE"→"创建链接部件"（Create Linked Part）命令，如图 5.5 所示。

在"创建链接部件"对话框中输入链接部件名，并且可以选择在起始部件中预先建立引用集，如图 5.6 所示。

说明：如果在起始部件中增加了新的控制几何对象，除了使用"Entire Part"引用集外，为了保证所增加的几何对象自动传递到链接部件，必须在起始部件相应的引用集中增加新建立的几何对象。

链接部件无论是单独存在，还是位于装配中，在装配导航器中的信息列均显示 📄 图

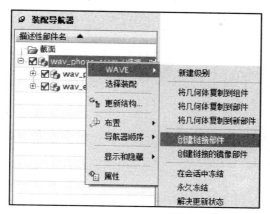

图 5.5　创建链接部件

图 5.6　"创建链接部件"对话框

标，有别于普通组件，如图 5.7 所示。

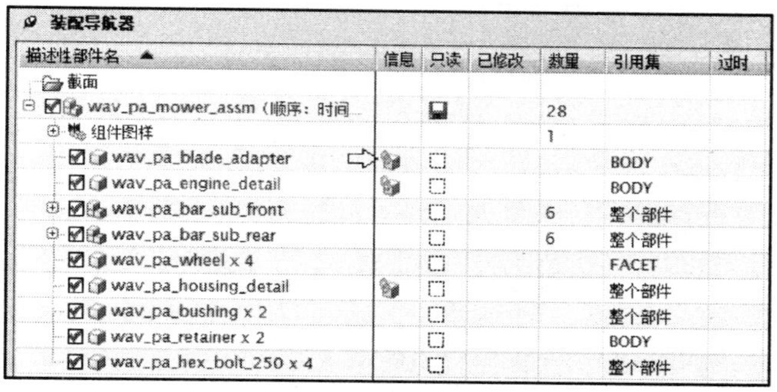

图 5.7　装配导航器中的链接部件

　　起始部件与链接部件的结构关系如图 5.8 所示，由于链接部件是独立的部件，其装配特性与普通部件文件相同。换言之，在将链接部件加入子系统装配后，可以建立配对约束、组件重定位等操作。

说明： 由于链接部件的位置与起始部件位置相同，在使用绝对坐标（0,0,0）加入装配时通常不使用配对约束，可以保证位置的精确。但是，由于组件重定位可以使用，因此无法避免由于组件重定位的误操作导致的位置不一致。

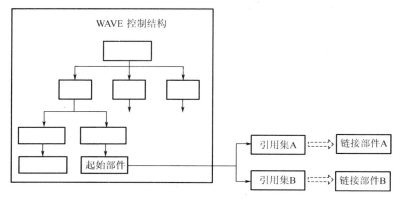

图 5.8　链接部件与起始部件的关系

5.3.3　产品装配

产品装配通常以子系统或子装配相似表现，代表总布置设计的一个分总成，或者不同的设计方案，或者是产品的最终设计结果。产品装配一般都包含链接部件，这些链接部件在装配中可以是组件，如图 5.9 所示；也可以作为总体参数控制的装配，如图 5.10 所示。

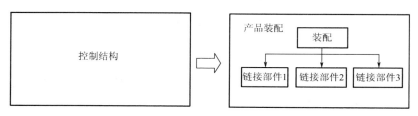

图 5.9　链接部件作为组件

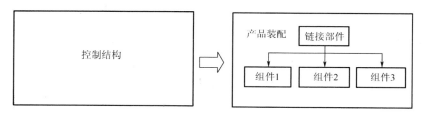

图 5.10　链接部件作为装配

以汽车设计为例，如果建立一个车身控制结构，那么车身又可以分解为若干子装配，如发动机盖、前围、侧围、地板、车门和行李箱盖等。对于车身子装配，所有组件可以采用链接部件建立装配，因此链接部件是组件。而对于再下一级装配，如车门子装配，可以将车身控制结构中的车门建立一个链接部件。由于车门链接部件包含车身外形曲面和车门轮廓曲线等控制几何体，因此可以将车门链接部件作为装配，用于控制进一步的结构细节设计，如车门内板、外板结构设计等。

5.3.4　采用分离控制结构的优点

WAVE 控制结构与产品细节装配的分离，首先使得大型复杂产品装配得到简化。控制结构作为"神经中枢"，可以同时控制产品设计的多种方案和版本，为方案评估和确定提供了有利的工具和方法。另外，也为变形产品设计和创新创造了有利条件。

例如，现代汽车在同一版本设计中，根据功能和造型不同，往往同时开发两厢和三厢车型，以满足市场需要。虽然两厢和三厢车型总体造型相同，区别只在于汽车尾部造型，但是局部的变化却牵涉众多相关部件的变化，这将导致车身模具、工艺、装配等一系列的设计和生产变更。在设计初期定义不同版本是一个有效的解决方法。

5.4 产品创新设计案例

5.4.1 案例1：WAVE 控制结构

本案例以飞机简化模型为例，通过观察飞机总体控制结构和相关子系统结构，说明WAVE 系统工程的使用方法，实现产品的创新设计。

第 1 步：选择"文件"（File）→"装配加载选项"（Load Options）命令，打开"装配加载选项"对话框，在其中确认下列选项设置。

加载方法（Load Method）：从文件夹（From Directory）。

加载范围（Load Components）：所有组件（All Components）。

使用部分加载（Use Partial Loading）：关闭（OFF）。

加载部件间数据（Load Interpart Data）：关闭（OFF）。

第 2 步：打开飞机控制结构。

（1）从 aero 目录中打开 wav_cs_aircraft，结果如图 5.11 所示。这是一架客机的简单控制结构，顶级装配包含一些基准平面和草图，用于定义飞机客舱、机翼和尾翼的位置，目前控制结构下级组件不可见。

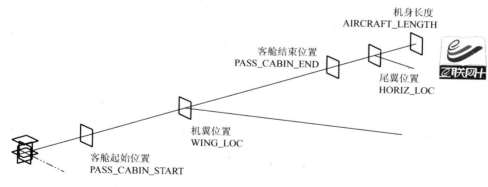

图 5.11 客机简化装配控制结构

（2）打开装配导航器。观察装配控制结构，如图 5.12 所示，客机装配的第一级组件包括机身、机翼和尾翼三大部分。

第 3 步：观察装配控制结构，了解机翼组件及其定义方法。

（1）使 wav_cs_wing 成为显示部件。在机翼组件中，根据细节结构设计的要求，增加了定义机翼外形轮廓的草图和机翼外形的曲面，用于机翼骨架的纵梁和横梁的细节设

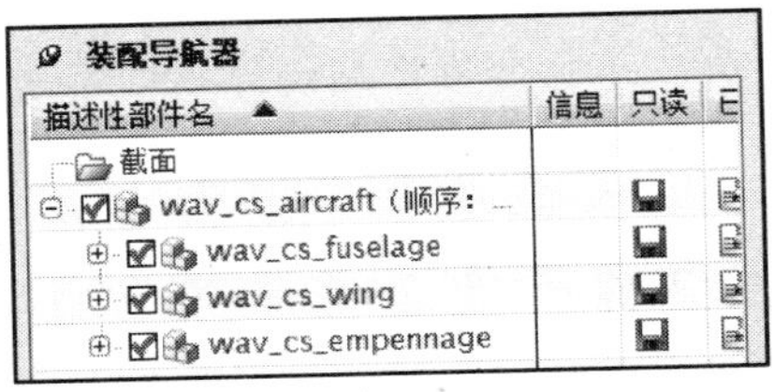

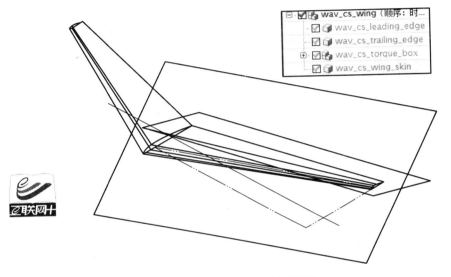

图 5.12　客机装配控制结构第一级组件

计，下级组件目前不可见，如图 5.13 所示。

图 5.13　机翼控制结构

（2）使 wav ＿cs ＿torque ＿box 成为显示部件。如图 5.14 所示，该部件作为抗扭箱形断面机翼控制结构，包含了用于定义机翼纵梁、横梁位置和外形轮廓的组件。用于定义机翼外形的实体连接到起始部件，起始部件作为"数据发布"用于细节结构设计。

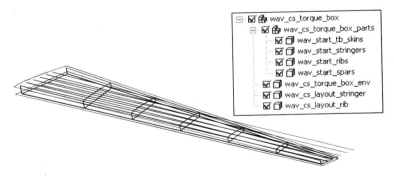

图 5.14　抗扭箱形断面机翼控制结构

（3）使 wav ＿start ＿rib 成为显示部件，如图 5.15 所示。作为细节设计的基础，这个部件包含了定义纵梁位置和外形轮廓所必需的数据，每个实体使用一个独特的引用集，如

RIB1、RIB2 等，并且传递到相应的链接部件中。

例如，一个设计工程师开始设计第一纵梁，首先从该起始部件建立一个链接部件，并使用引用集 RIB1。在链接部件中，通过建立特征（如孔、抽空、倒角等）进行细节设计。

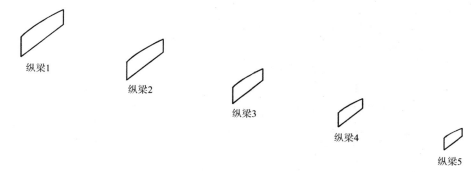

图5.15   机翼纵梁起始部件

第4步：打开机翼第一纵梁链接部件。

打开连接部件 wav＿pa＿rib1。这是定义机翼纵梁的细节部件，其中包含一个从起始部件链接得到的实体，同时增加了更多的细节设计，如图 5.16 所示。

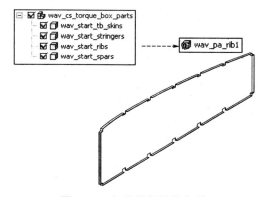

图5.16   机翼纵梁链接部件

该部件作为产品装配的一个组件，可以进行更加详细的设计或分析。

设计变更：经过计算分析，飞机需要更大的升力，因此必须增加机翼表面积。

在下面步骤中，通过编辑控制结构中草图尺寸来增加机翼表面积，然后再更新相关机翼纵梁部件。

第5步：改变机翼表面积。

（1）选择"装配"（Assemblies）→"WAVE"→"关联管理器"（Associativity Manger）命令，打开"关联管理器"对话框，确认勾选"延迟装配约束更新"（Delay Interpart Update）和"延迟几何体、表达式和 PMI 更新"复选框，单击"确定"按钮。

（2）使 wav＿cs＿wing 成为显示部件。

（3）将表达式 wing＿area 值改为 450000。

如图 5.17 所示，改变机翼的面积引起一系列的相关变化，如机翼两端的弦长、机翼的宽度、纵梁的长度尺寸等。

第6步：更新控制结构装配。

（1）选择"装配"（Assemblies）→"WAVE"→"关联管理器"（Associativity Manger）命令，打开"关联管理器"对话框。

（2）确认未勾选"更新后查看"（Review After Updates）复选框。

（3）单击"更新装配"（Update Assembly）按钮，更新控制结构装配中其他组件。

第7步：更新机翼纵梁。

（1）使 wav＿pa＿rib1 成为显示部件。

（2）单击"关联管理器"对话框中"显示过时的对象"按钮，在过时部件（Out of Date）列表中，选择组件 wav＿pa＿rib1，更新结果如图 5.17 所示。

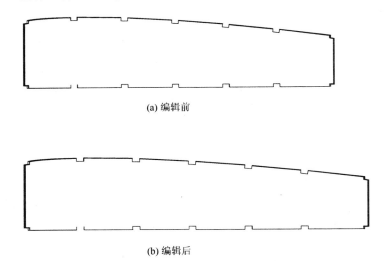

(a) 编辑前

(b) 编辑后

图 5.17　改变机翼面积：机翼纵梁更新前后对比

第8步：关闭所有部件。

5.4.2　案例 2：剪草机

本案例以剪草机为例，观察并研究顶级装配的控制结构和设计准则，说明 WAVE 系统工程的使用方法，实现产品的创新设计。

第1步：选择"文件"（File）→"装配加载选项"（Load Options）命令，打开"装配加载选项"对话框，在其中确认下列选项设置。

加载方法（Load Method）：从文件夹（From Directory）。

加载范围（Load Components）：所有组件（All Components）。

使用部分加载（Use Partial Loading）：关闭（OFF）。

加载部件间数据（Load Interpart Data）：关闭（OFF）。

第2步：打开剪草机控制结构。

（1）从 lawnmower 目录中打开 wav＿cs＿mower＿assm。

（2）关闭层 61～层 65，结果如图 5.18 所示。

该控制结构装配定义了剪草机总体尺寸和外壳形状，包括两个草图和一个实体。第一个草图定义了剪草机外壳的轮廓线，第二个草图提供了与发动机相关的数据。

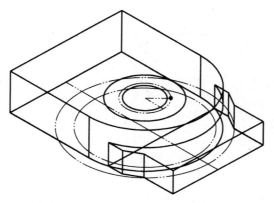

图5.18　wav＿cs＿mower＿assm 装配（一）

第3步：激活并观察第一个草图。

在部件导航器中双击草图（3）"HOUSING"，结果如图5.19所示。该草图的总体尺寸由单一参数 blade＝19 驱动，可以使用草图中的动画功能观察草图形状随参数 blade＝19 的改变而变化的动态效果。

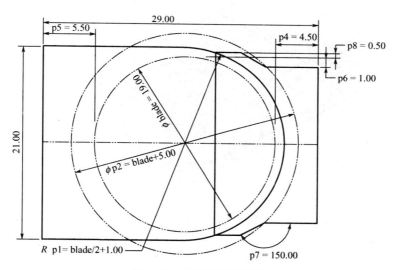

图5.19　草图 HOUSING

第4步：激活并观察第二个草图（ENG＿BASE），如图5.20所示。

该草图定义了发动机底座安装孔的大小和位置，以及为安装发动机在外壳上的开口细节。注意，在草图中所有尺寸由单一参数 bolt＿hole＿cir 驱动，同时参数 bolt＿hole＿cir 是一个条件表达式，其值由变量 hp（马力）控制。

同样可以使用草图中的动画功能观察该变量是如何控制草图的。

第5步：退出草图，观察装配所有组件。

（1）单击完成草图 按钮，退出草图。

（2）打开所有包含几何体的层（层61～层65），结果如图5.21所示。

图5.21中显示了所有组件几何体，注意装配中的基准平面，两个水平基准平面定义

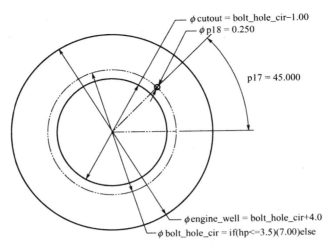

ϕ cutout = bolt_hole_cir-1.00
ϕ p18 = 0.250
p17 = 45.000
ϕ engine_well = bolt_hole_cir+4.0
ϕ bolt_hole_cir = if(hp<=3.5)(7.00)else

图 5.20   草图 ENG_BASE

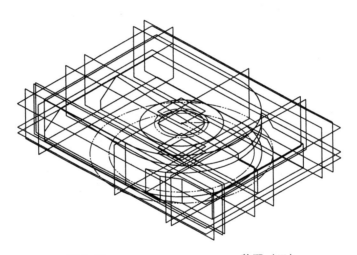

图 5.21   wav_cs_mower_assm 装配（二）

了剪草机外壳的顶和底的位置，另外两个基准平面定义了发动机底座和刀片的位置。其他基准平面用于前后轮轴线的定位。

通过前面步骤对装配控制结构的浏览，我们已经知道整个剪草机外壳尺寸和发动机的安装配置由两个参数驱动：

blade＝19.00

hp＝3.5

根据产品设计要求，剪草机发动机功率范围为 3.5～5.5hp（1hp＝745.700W），而刀片长度尺寸范围为 19～22in。

第 6 步：打开细节装配 wav_pa_mower_assm，结果如图 5.22 所示。

这个装配代表了已经完成的剪草机模型的简化版本，装配中大部分组件从控制结构的起始部件链接而来。

目前，整个装配还缺扶手和刀片，下面的步骤将根据控制结构中得到的几何对象建立

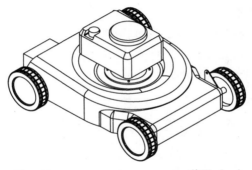

图 5.22　wav_pa_mower_assm 装配（一）

这两个部件。

图 5.23 显示了整个控制结构和产品装配的数据及链接关系。

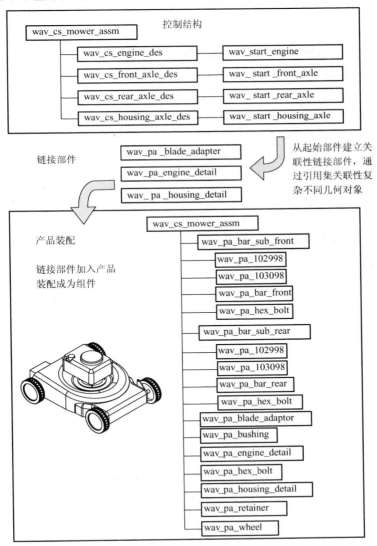

图 5.23　控制结构和产品装配的关系

下面开始建立刀片模型。

第 7 步：使发动机的起始部件成为显示部件（wav _ start _ engine）。

（1）在装配导航器中用光标选择组件 wav _ pa _ engine _ detail，按 MB3，在弹出的快捷菜中选择"显示父项"→"起始部件：wav _ start _ engine"命令，如图 5.24 所示。

图 5.24　显示链接部件的起始部件

（2）选择"信息"（Information）→"装配"（Assemblies）→"引用集"（Reference Set）命令，打开"引用集"对话框，观察部件中的引用集：

　　　　BLADE _ ADAPTER

　　　　ENGINE

第 8 步：为刀片链接部件建立一个新引用集。

（1）选择"格式"（Format）→"引用集"（Reference Set）命令，打开"引用集"对话框。

（2）单击"添加新的引用集"按钮。

（3）输入引用集名 BLADE，按 Enter 键。

（4）选择除青蓝色草图以外的所有几何对象。

第 9 步：创建链接部件。

（1）在装配导航器中选择 wave _ start _ engine，按 MB3，在弹出的快捷菜单中选择"WAVE"→"创建链接部件"命令，如图 5.25 所示。

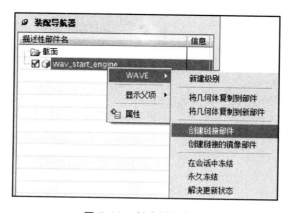

图 5.25　创建链接部件

（2）在"创建链接部件"对话框中输入部件名 wav _ pa _ blade，按 Enter 键。

（3）选择 BLADE 作为链接部件的引用集，单击"确定"按钮，如图 5.26 所示，新

图 5.26　选择引用集

链接部件建立，并且成为显示部件。

第 10 步：显示新链接部件的几何对象。

（1）将视图切换到正二轴测图（TFR_TRI）。

（2）打开所有包含物体的层，按 MB3，在弹出的快捷菜单中选择"适合窗口"（Fit）
命令，结果如图 5.27 所示。

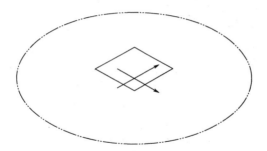

图 5.27　显示修建链接部件几何体

第 11 步：在 22 层建立草图。

（1）选择草图图标，选择基准平面作为草图平面。

（2）绘制一直线，如图 5.28 所示。

（3）建立几何约束：直线 1 与基准轴 2 共线；直线 1 的两个端点在圆 3 上。

（4）退出草图，结果如图 5.29 所示。

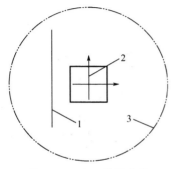

图 5.28　建立草图直线

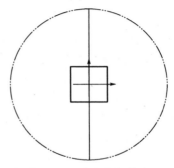

图 5.29　建立几何约束

（5）在部件导航器中将草图名改为 BLADE。

第 12 步：拉伸草图直线，建立刀片实体。

（1）选择"插入"→"设计特征"→"拉伸"命令，打开"拉伸"对话框，选择直线。

（2）拉伸方向选择 +Z 方向。

（3）键入下列拉伸参数。

拉伸开始距离（Start Distance）＝0

拉伸结束距离（End Distance）＝0.125

开始偏置（First Offset）＝1

结束偏置（Second Offset）＝－1

第 13 步：在拉伸体中心建立一直径为 0.5 的通孔，如图 5.30 所示。

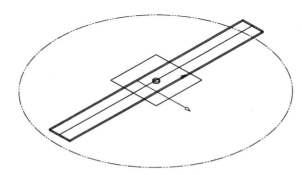

图 5.30　建立几何约束

第 14 步：将修建链接部件 wav＿pa＿blade 加入产品装配。

（1）使 wav＿pa＿mower＿assm 成为显示部件。

（2）选择"装配"（Assemblies）→"组件"（Component）→"添加组件"（Add Existing）命令，打开"添加组件"对话框。

（3）在部件列表中选择 wav＿pa＿blade。

（4）在"添加组件"对话框中确认以下设置。

引用集（Ref. Set）：模型（Model）。

多重添加（Multiply Add）：无（No）。

定位（Positioning）：绝对原点（Absolute）。

图层选项（Layer Option）：工作的（Work）。

（5）组件加入坐标原点（0,0,0），单击"确定"按钮，结果如图 5.31 所示。

下面开始建立扶手模型。

第 15 步：建立扶手装配控制结构。

（1）使 wav＿cs＿mower＿assm 成为显示部件。

（2）单独显示 wav＿cs＿mower＿assm 装配。

（3）在装配导航器中选择 wav＿cs＿mower＿assm 装配，按 MB3，在弹出的快捷菜单中选择"WAVE"→"新建级别"（Create New Level）命令，在"新建级别"对话框中加入组件名 wav＿cs＿handle＿des，按 Enter 键。

（4）只选择实体作为复制对象，确定建立新组件。

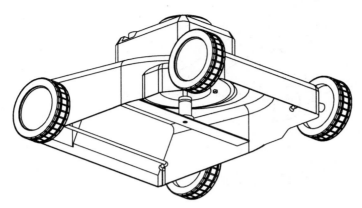

图 5.31 加入刀片组件

第 16 步：建立基准特征，定义扶手位置。

（1）使 wav＿cs＿handle＿des 成为显示部件。

（2）使得 61 层成为工作层。

（3）将视图切换到正等轴测图（TFR－ISO），结果如图 5.32 所示。

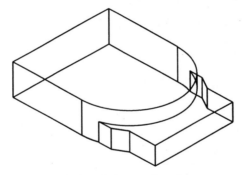

图 5.32 加入刀片组件

（4）选择实体顶面建立相关偏置基准平面，偏置距离－3.25（方向向下），如图 5.33 所示。

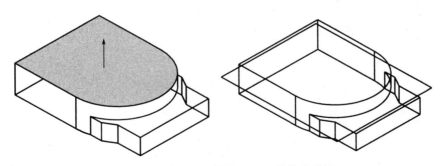

图 5.33 建立顶面偏置－3.25 的基准平面

（5）选择实体左侧面建立相关偏置基准平面，偏置距离－8.25（偏置方向向右），如图 5.34 所示。

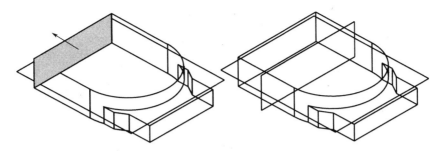

图 5.34　建立左侧面偏置-8.25 的基准平面

（6）选择实体前后侧面建立相关偏置基准平面，偏置距离 0.5in，如图 5.35 所示。

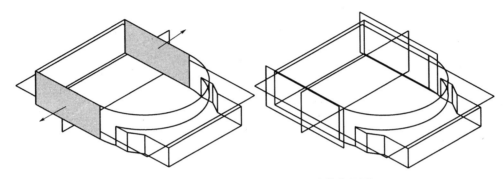

图 5.35　建立前后侧面偏置 0.5 的基准平面

（7）建立相交基准轴，选择图 5.36（a）所示的两个基准平面，结果如图 5.36（b）所示。

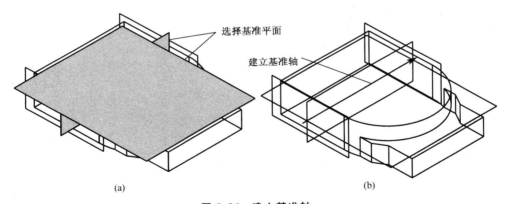

(a) (b)

图 5.36　建立基准轴

说明：基准轴方向应该指向右上方，应该先选择垂直基准平面，再选择水平基准平面。如果方向不对，单击反向按钮　。

（8）通过基准轴和垂直基准平面建立一个 45°的基准平面，结果如图 5.37 所示。

第 17 步：建立扶手的起始部件。

（1）在装配导航器中选择 wav_cs_handle_assm 装配，按 MB3，在弹出的快捷菜单中选择"WAVE"→"新建级别"（Create New Level）命令，在"新建级别"对话框中

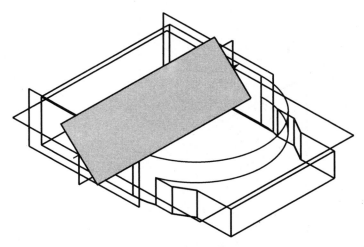

图5.37 建立成角度基准平面

加入组件名 wav _ cs _ start _ handle，按 Enter 键。

（2）选择实体图5.38所示的3个基准平面和一个基准轴作为复制对象，单击"确定"按钮建立新组件。

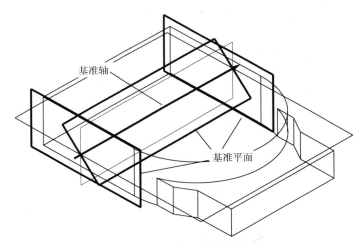

基准轴

基准平面

图5.38 建立起始部件

第18步：在扶手起始部件中建立引用集。

（1）使 wav _ cs _ start _ handle 成为显示部件。

（2）打开61层，并且将视图切换到正二轴测图（TFR - TRI）。

（3）建立名为 HANDLE 的引用集，包含4个基准特征，如图5.39所示。

第19步：建立产品装配的链接部件。

（1）在装配导航器中选择 wav _ cs _ start _ handle 装配，按 MB3，在弹出的快捷菜单中选择"WAVE"→"创建链接部件"（Create Linked Part）命令。

（2）在"创建链接部件"对话框中输入 wav _ pa _ handle，按 Enter 键。

（3）选择 HANDLE 作为链接部件的引用集，单击"确定"按钮，建立新链接部件，

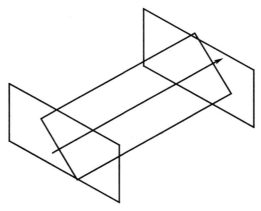

图 5.39　建立引用集

并且成为显示部件。

（4）打开 61 层，将视图切换到正等轴测图（TFR - ISO）。

第 20 步：建立扶手草图。

（1）使层 21 成为工作层。

（2）选择 45°斜基准平面作为草图平面，按 MB2，在弹出的快捷菜单中选择"草图"命令，建立草图。

（3）绘制如图 5.40 所示的草图，并且将底部的直线转换为参考线。

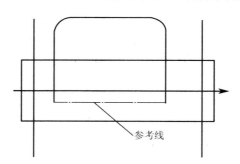

图 5.40　建立草图

（4）根据图 5.41 建立几何约束。

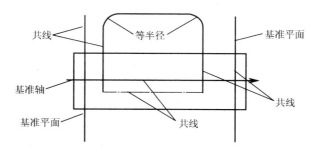

图 5.41　建立几何约束

（5）根据图 5.42 建立尺寸约束。

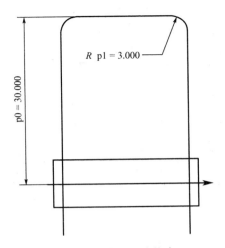

图 5.42　建立尺寸约束

（6）单击"完成草图"按钮退出草图，结果如图 5.42 所示。

第 21 步：建立扶手实体。

选择草图建立管道特征（选择"插入"→"扫掠"→"管道"命令），管道参数如下。

外径（Outer Diameter）＝0.75。

内径（Inner Diameter）＝0.65。

扶手实体结果如图 5.43 所示。

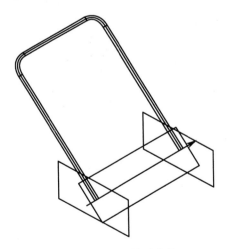

图 5.43　建立扶手实体

第 22 步：完成产品装配。

（1）使 wav_pa_mower_assm 成为显示部件与工作部件。

（2）将视图切换到正等轴测图（TFE‑ISO），并且以线框模式显示模型。

（3）在装配导航器中关闭组件车轮（Wheel），结果如图 5.44 所示。

第 23 步：将组件扶手加入装配。

（1）选择"装配"（Assemblies）→"组件"（Component）→"添加组件"（Add Exist-

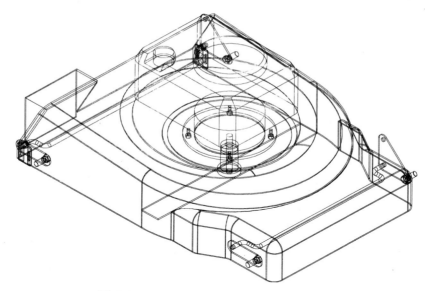

图 5.44　wav＿pa＿mower＿assm 装配（二）

ing）命令，打开"添加组件"对话框。

（2）在部件列表中选择 wav＿pa＿handle。

（3）在"添加组件"对话框中确认以下设置。

引用集（Ref. Set）：模型（Model）。

多重添加（Multiply Add）：无（No）。

定位（Positioning）：绝对原点（Absolute）。

图层选项（Layer Option）：工作的（Work）。

（4）组件加入坐标原点（0,0,0），单击"确定"按钮，结果如图 5.45 所示。

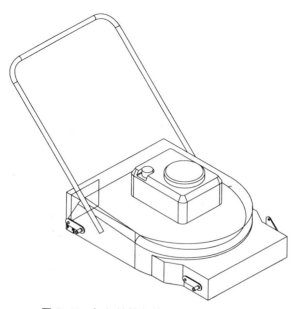

图 5.45　加入链接部件 wav＿pa＿handle

第 24 步：加入扶手支架组件。

（1）选择"装配"（Assemblies）→"组件"（Component）→"添加组件"（Add Existing）命令，打开"添加组件"对话框。

（2）从 lawnmower 子目录中选择 wav_pa_bkt_r 部件。

（3）在"添加组件"对话框中确认以下设置。

引用集（Ref. Set）：Body。

多重添加（Multiply Add）：无（No）。

定位（Positioning）：通过约束（Mate）。

图层选项（Layer Option）：工作的（Work）。

（4）单击"添加约束"按钮，打开"装配约束"对话框，选择接触对齐配对类型。

（5）依次选择图 5.46 所示的圆柱面 1、2。

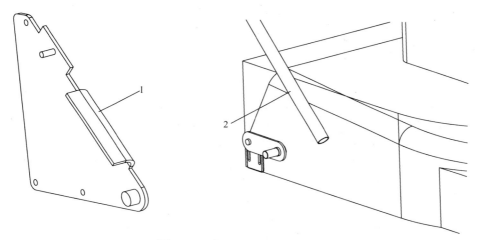

图 5.46　建立 Center 配对约束

（6）依次选择图 5.47 所示的表面 1、2 进行接触对齐。

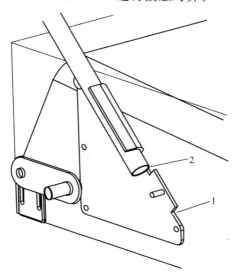

图 5.47　建立 Align 配对约束

（7）在"装配约束"对话框中选择平行配对类型。

（8）依次选择图 5.48 所示的表面 1、2。

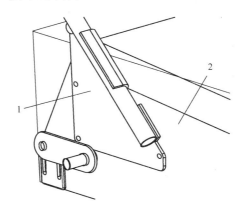

图 5.48　建立 Parallel 配对约束

（9）最后单击"应用"按钮，装配结果如图 5.49 所示。

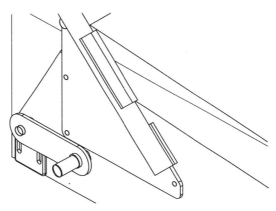

图 5.49　完成扶手支架装配

第 25 步：使用与第 24 步相同的方法，完成扶手另外一侧支架的装配。

第 26 步：显示所有的组件，并且将引用集切换到 Body 或模型（Model），装配结果如图 5.50 所示。

第 27 步：建立扶手支架安装连接孔。

（1）在装配导航器中用光标选择 wav ＿ pa ＿ bkt ＿ r，按 MB3，在弹出的快捷菜单中选择"显示隐藏"→"仅显示"命令。

（2）在装配导航器中用光标选择 wav ＿ pa ＿ housing ＿ detail，按 MB3，在弹出的快捷菜单中选择"显示隐藏"→"显示"命令。

第 28 步：将扶手支架上的安装孔关联性复制到剪草机外壳。

（1）在装配导航器中用光标选择 wav ＿ pa ＿ bkt ＿ r，按 MB3，在弹出的快捷菜单中选择"WAVE"→"将几何体复制到组件"（Copy Geometry to Component）命令。

（2）将几何体选择过滤器设置为边，选择支架上 3 个孔，如图 5.51 所示。

（3）按 MB2 切换到选择目标组件，在图形窗口中选择剪草机外壳，确定完成关联性

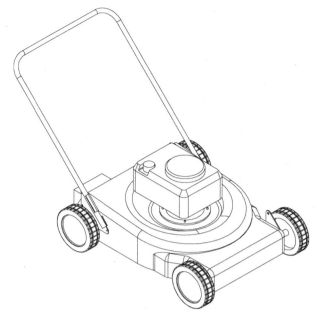

图 5.50　装配结果

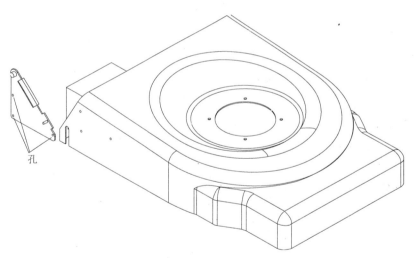

孔

图 5.51　建立连接扶手支架安装连接孔

复制几何对象，结果如图 5.52 所示。

第 29 步：拉伸关联性复制的 3 个圆，并与外壳作布尔运算"减"，形成外壳 3 个孔。

第 30 步：使用与第 29 步相同的方法建立另外一侧安装孔。

装配与建模工作完成，下面测试组件之间的关联性。

第 31 步：编辑刀片尺寸，测试相关性。

（1）使 wav＿cs＿mower＿assm 成为显示部件与工作部件。

（2）打开并且显示使用的组件。

（3）确定未勾选"延迟装配约束更新"开关。

（4）选择"Tool"→"Expression"命令，将刀片长度改为 22（将表达式 blade＝19 改为 22）。

第 32 步：更新产品装配。

（1）使 wav＿pa＿mower＿assm 成为显示部件与工作部件。

（2）将光标放在 wav＿pa＿mower＿assm 上，按 MB3，在弹出的快捷菜单中选择 "更新结构"命令，打开"更新结构"对话框，选择需要更新的组件，单击"确定"按钮，结果如图 5.52 所示。

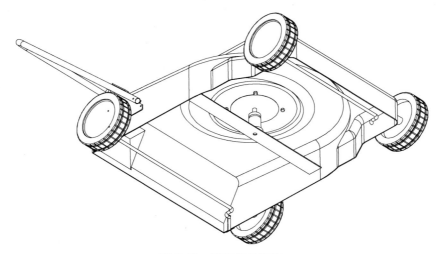

图 5.52　更新产品装配

结果剪草机总体尺寸和刀片长度全部自动更新。

第**6**章
产品创新设计综合实践案例

6.1　综合实践案例1：相关部件间建模
——球形烟灰缸的创新设计

　　球形烟灰缸实践案例使用的创新方法是相关部件间建模方法，相关部件建模是WAVE的基本功能之一。在球形烟灰缸装配中，利用建立好的球形烟灰缸模型，通过关联性复制几何体的方法来建立零件：底座和上盖组件，使用WAVE几何链接器建立相关部件间建模，从而实现产品的创新设计。

　　具体要求如下。

　　（1）球形烟灰缸包括底座和上盖两部分，根据造型和结构要求，调整分型面的位置后，底座和上盖两个组件要求自动更新，同时保证两者正确的装配位置，配合间隙不变。

　　（2）上盖的开口大小要求随着分型面位置的变化自动调整，保证开口的最下面与分型面距离不变。

　　（3）球形烟灰缸的装配及尺寸如图 6.1 所示。

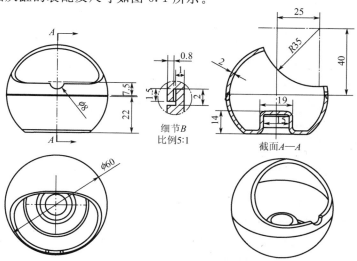

图 6.1　球形烟灰缸的装配及尺寸

6.1.1 球形烟灰缸设计

第1步：建立新部件 Ashtray＿assm.prt，单位为毫米（mm）。

第2步：建立一个直径为 60mm 的球体，球心位于绝对坐标系原点。

第3步：相对水平基准平面 $XC-YC$ 建立一个偏置基准平面，偏置距离为 5mm，如图 6.2 所示，并且将其名称改为 DATUM＋PLANE＿main。

第4步：相对水平基准平面 $XC-YC$ 建立一个偏置基准平面，偏置距离为 -20mm，如图 6.3 所示。

第5步：用最下面的偏置基准平面修剪球体，形成底座平面，如图 6.4 所示。

第6步：在底面建立直径为 15mm，深为 12mm 的孔，居中定位，如图 6.4 所示。

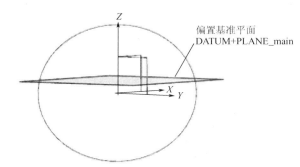

图 6.2　建立球体及偏置基准平面

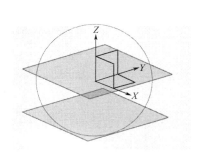

图 6.3　建立偏置基准平面

第7步：对底面的外边缘倒圆，半径为 4mm，如图 6.5 所示。

第8步：对孔底边倒圆角，半径为 1mm，如图 6.5 所示。

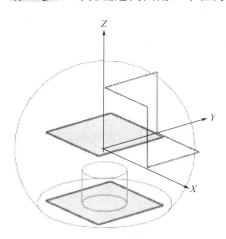

图 6.4　修剪出底座并建立孔

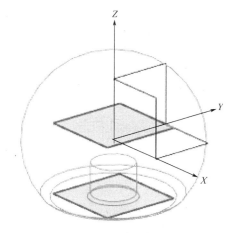

图 6.5　建立倒圆

第9步：抽壳整个实体，选择"插入"→"偏置/缩放"→"抽壳"（Shell）命令，打开"抽壳"对话框，选择"对所有面抽壳"，设置等壁厚为 2mm，形成空心体，如图 6.6所示。

第10步：打开装配导航器，将光标放在描述性部件名上，按 MB3，在弹出的快捷菜单中选择"WAVE 模式"命令，打开 WAVE 模式，如图 6.7 所示。

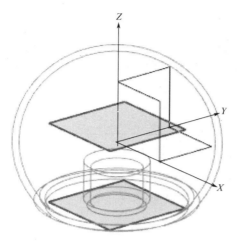

图 6.6　抽壳实体

图 6.7　设置 WAVE 模式（一）

第 11 步：建立烟灰缸的盖。将光标放在装配节点 Ashtray ＿ assm 上，按 MB3，在弹出的快捷菜单中选择"WAVE"→"新建级别"命令，如图 6.8 所示，打开图 6.9 所示的"新建级别"对话框，输入部件名 TOP，按 Enter 键，单击"类选择"按钮，打开"类选择"对话框，再选择"全选"，单击"确定"按钮（将全部几何体复制到 TOP），完成（烟灰缸的盖）TOP 组件的建立。

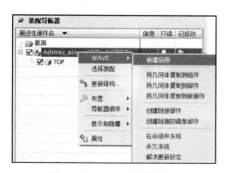

图 6.8　WAVE 快捷菜单

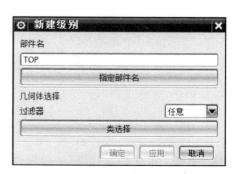

图 6.9　建立新一级组件

113

第 12 步：建立烟灰缸的底座。重复第 11 步，建立名为 BASE 的组件，结果装配导航器如图 6.10 所示。

图 6.10 装配导航器

第 13 步：使组件 BASE 成为显示部件，使用偏置基准平面 DATUM_PLAN_main 修剪实体建立烟灰缸底座，如图 6.11 所示。

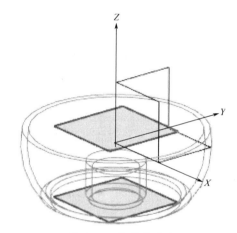

图 6.11 修剪出底座

第 14 步：使用拉伸方法拉伸顶面外边缘形成缺口，如图 6.12 所示。拉伸方向向下，拉伸深度为 2mm，第一偏置为 −1mm，第二偏置为 1mm，作布尔"减"运算。

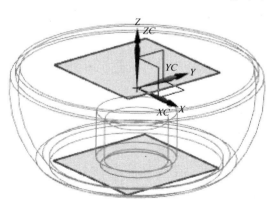

图 6.12 拉伸结果

第 15 步：建立名为 Body 的引用集，引用集只包含实体部分，存盘。

第 16 步：使组件 TOP 成为显示部件，使用偏置基准平面 DATUM_PLAN_main

修剪实体建立烟灰缸盖，如图6.13所示。

第17步：选择"插入"→"偏置/缩放"→"偏置面"（OffsetFace）命令，打开"偏置面"对话框，将修剪出的表面向下偏置1.5mm，如图6.13所示。

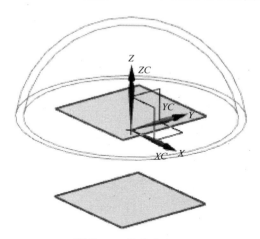

图6.13　修剪出上盖

第18步：使用拉伸方法拉伸底面内圆形成缺口，与底座的缺口配合。拉伸方向向上，拉伸深度为1.5mm，第一偏置（向球心方向）为−1mm，第二偏置为1.2mm，作布尔"减"运算，结果如图6.14所示。

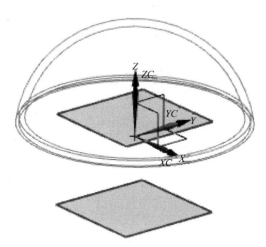

图6.14　拉伸结果

第19步：建立草图，选择图6.14的$ZC-YC$基准平面为草图面，水平参考选择基准平面$XC-YC$，建立一个直径为70mm的圆，定位尺寸如图6.15所示。

第20步：拉伸草图，起始距离为50mm，终止距离为−50mm，作布尔"减"运算，结果如图6.16所示。

第21步：在基准平面$YC-ZC$上建立通孔，直接为8mm，通孔面选择内球面，孔心位于基准平面DATUM_PLAN_main上方，间距为5mm，结果如图6.17所示。

第22步：建立名为BODY的引用集，引用集只包含实体部分，存盘。

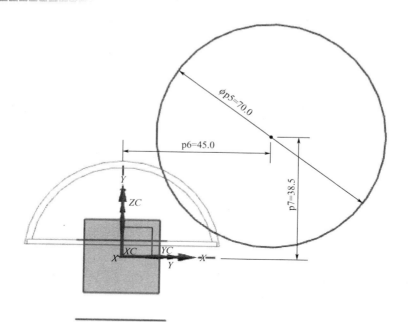

图 6.15　建立草图

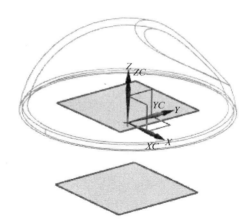

图 6.16　拉伸草图

图 6.17　建立孔

第 23 步：使 Ashtray_assm 成为工作部件，确认所有的组件均显示。

第 24 步：在装配导航器上将光标置于 Ashtray_assm 上，按 MB3，在弹出的快捷菜中选择"显示隐藏"→"隐藏节点"命令，隐藏装配控制几何体。

第 25 步：在装配导航器上将光标置于 TOP，按 MB3，在弹出的快捷菜单中选择"替换引用集"→"BODY"命令，将 TOP 组件的引用集切换到 BODY。

第 21 步：将 BASE 组件的引用集切换到 BODY，结果如图 6.18 所示。

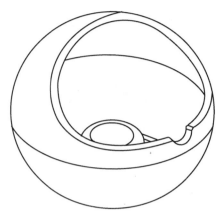

图 6.18　球形烟灰缸的装配

6.1.2　球形烟灰缸的创新设计

产品创新的目的是面向市场，扩大销售，提高社会消费水平，形成规模经营优势。使用修改分型面的方法实现系列化烟灰缸设计，满足烟灰缸创新设计的要求。

第 1 步：使 Ashtray_assm.prt 成为显示部件，在装配导航器中将光标置于 Ashtray_assm 节点，按 MB3，在弹出的快捷菜单中选择"显示和隐藏"→"隐藏"命令，隐藏所有节点。然后将光标置于 ashtray_assm 节点，按 MB3 在弹出的快捷菜单中选择"显示和隐藏"→"显示节点"命令，仅显示装配节点 Ashtray_assm，如图 6.19 所示。

图 6.19　仅显示装配节点 Ashtray_assm

图 6.20　卸载子节点

备注：也可以在装配导航器中直接单击子节点，将红色钩变成灰色钩，卸载子节点，如图 6.20 所示，这种方法对于大装配工作量有点大。

第 2 步：选择"装配"→"WAVE"→"关联管理器"命令，打开"关联管理器"对话框，勾选"延迟装配约束更新"复选框。

第 3 步：编辑基准平面 DATUM_PLANE_main 节点，将偏置值改为 8mm。

第 4 步：在装配导航器中将光标置于 Ashtray_assm 节点，按 MB3，在弹出的快捷菜单中选择"显示和隐藏"→"显示"命令，显示所有节点。然后将光标置于 Ashtray_assm 节点，按 MB3，在弹出的快捷菜单中选择"显示和隐藏"→"隐藏节点"命令，卸载装配节点 Ashtray_assm，更新结果如图 6.21 所示。

图 6.21　基准平面 DATUM_PLANE_main 的偏置为 8mm

备注：也可以在装配导航器中直接单击子节点，将灰色钩变成红色钩，装载子节点，卸载装配节点，如图 6.22 所示，这种方法对于大装配工作量有点大。

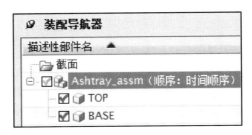

图 6.22　装载子节点

第 5 步：再编辑基准平面 DATUM_PLANE_main 节点，将偏置值改为 −5mm。

第 6 步：重复上述操作，装载子节点，卸载装配节点，更新结果如图 6.23 所示。

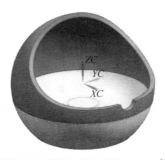

图 6.23　基准平面 DATUM_PLANE_main 的偏置为 −5mm

6.2 综合实践案例2：自顶向下产品设计
——优盘结构的创新设计

本实践案例使用 NX/WAVE 建立优盘的装配控制结构，进行优盘的相关参数化设计，实现优盘产品的结构创新，满足市场的需求。产品创新源于市场需求，源于市场对企业的产品技术需求。在现实的企业中，产品创新总是在技术、需求两维之中，根据本行业、本企业的特点，将市场需求和本企业的技术能力相匹配，寻求风险收益的最佳结合点。产品创新的动力从根本上说是技术推进和需求拉引共同作用的结果。

优盘的外壳由优盘体（包括顶盖和底座两个部分）和优盘盖组成，其装配示意图如图 6.24 所示。

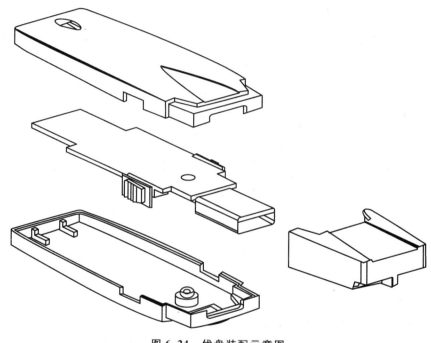

图 6.24　优盘装配示意图

具体设计要求如下。

（1）方便进行优盘总体外形的调整：优盘体和优盘盖、顶盖和底座之间分型面的调整，能够控制相关零部件结构设计的自动更新。

（2）方便调整内部电路板的装配位置：能够控制优盘壳体相关开口形状和位置（USB接口开口、顶面指示灯孔、壳体两侧开口位置）的自动调整，控制电路板安装固定座、固定螺钉孔在底座上开口位置的关联性变化。

优盘的装配总成及主要尺寸如图 6.25 所示。

优盘电路板主要尺寸如图 6.26 所示。

为了满足创新设计的要求，保证产品在总体参数调整后零部件的自动更新，定义合理的装配控制结构是关键。在总体设计时，应该仔细考虑将来可能的变化或需要设计变更的

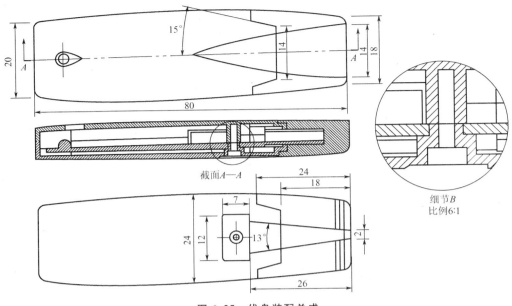

图 6.25 优盘装配总成

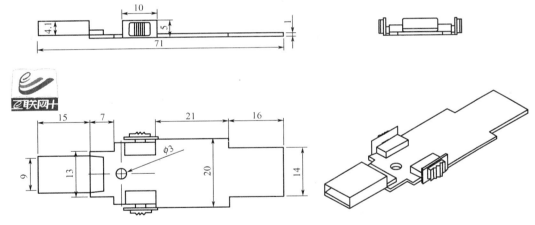

图 6.26 优盘电路板主要尺寸

参数。在本实践案例中，根据前面的总体设计要求，所建立的装配控制结构如图 6.27 所示。当然，随着创新设计要求的改变，总体控制结构可以随时进行编辑修改。

6.2.1 建立优盘总体控制结构及参数

第 1 步：建立名为 U‐Disk‐Assm 的部件文件，单位为毫米（mm）。

第 2 步：在 XC－YC 平面，层 11 上建立名为 Main 的草图，如图 6.28 所示。

说明：图 6.28 中尺寸表达式名 p1、p2 等可能与建立的尺寸不同，这是由于建立尺寸约束的先后次序不同，或者是否删除修改过，因此在练习时应根据自己的模型调整相应的表达式值。

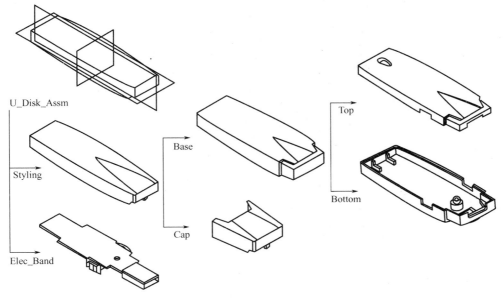

图 6.27　WAVE 装配控制结构

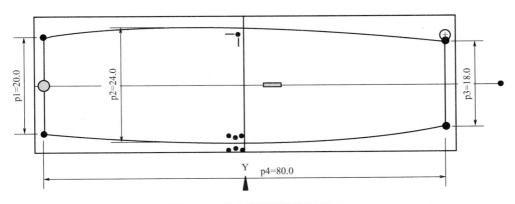

图 6.28　优盘外形轮廓草图 Main

第 3 步：在层 1 上拉伸草图 Main，拉伸距离为 15mm，在层 61 上建立 3 个居中的相对基准平面，如图 6.29 所示。

提示：建立基准平面 1 分别选择左、右两侧平面，建立基准平面 3 分别选择上、下两个平面，建立基准平面 2 使用 3 点方法，在左、右两侧平面直线边上的中点选择 3 点。

第 4 步：使层 12 成为工作层，在基准平面 2 上建立名为 Outline-1 的草图，水平参考选择基准平面 3，建立圆弧并且加入尺寸约束，如图 6.30 所示。

第 5 步：使层 13 成为工作层，在基准平面 1 上建立名为 Outline-2 的草图，水平参考选择基准平面 3，建立圆弧并且加入尺寸约束，如图 6.31 所示。

第 6 步：使层 31 成为工作层，选择"插入"→"网格曲面"→"艺术曲面"（Studio Surface）命令，使用前面建立的两条草图圆弧建立艺术曲面，如图 6.32 所示。再镜像构造两个曲面，使用这两个曲面修剪实体，结果如图 6.33 所示。

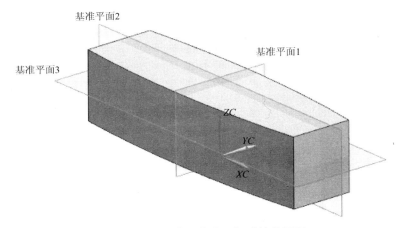

图 6.29　拉伸草图并建立相对基准平面

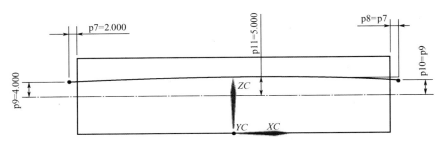

图 6.30　建立草图 Outline－1

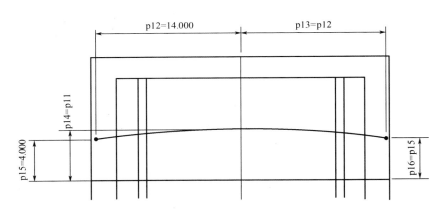

图 6.31　建立草图 Outline－2

第7步：建立底面型腔（浮雕细节造型），型腔附着面选择前面的平面，水平参考选择基准平面3，长度设为30mm（尽量大些可以免去水平方向的定位），宽度为10mm，高度为3mm，居中定位，如图 6.34 所示，提示：宽度方向的中心线与草图 Main 平面重合。

第8步：在型腔的凹边建立半径为 1mm 的倒圆角，参考图 6.24，保存部件。

下面建立装配结构的第一级组件，关联性复制几何体。

第9步：打开装配导航器，将光标放在描述性部件名上，按 MB3，在弹出的快捷菜

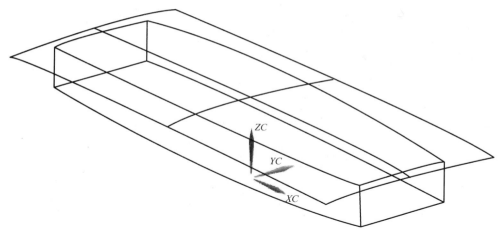

图 6.32　建立艺术曲面

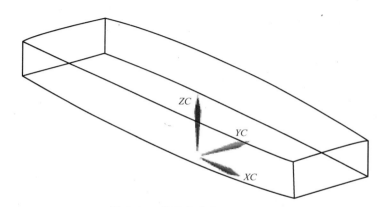

图 6.33　使用艺术曲面修剪实体

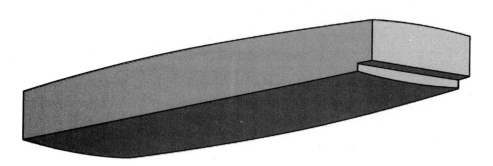

图 6.34　建立底面型腔

单中选择"WAVE 模式"命令,打开 WAVE 模式,如图 6.35 所示。

　　第 10 步:打开装配导航器,将光标放在装配节点 U_Disk_Assm 上,按 MB3,在弹出的快捷菜单中选择"WAVE"→"新建级别"命令,在打开的"新建级别"对话框中,输入部件名 Stying,按 Enter 键,选择实体、3 个基准平面和两个艺术曲面。

　　第 11 步:装配组件 Elec_Band,约束方法参考图 6.36,装配结果如图 6.37 所示。

图 6.35　设置 WAVE 模式（二）

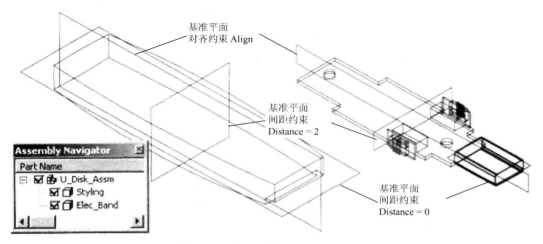

图 6.36　加入组件和建立配对约束

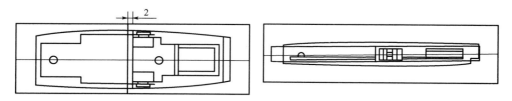

图 6.37　装配结果

6.2.2　优盘外形造型设计

第 1 步：使 Stying 成为显示部件。

第 2 步：使层 12 成为工作层，建立优盘顶面浮雕造型草图轮廓线，草图名称设为 Top，附着平面选择基准平面 3，水平参考选择基准平面 2，尺寸 p0 的表达式为部件间表达式，由总成 U _ Disk _ Assm 的尺寸 p2 控制。

第 3 步：拉伸草图 Top，拉伸距离为 15mm，拉伸方向向上，建立拉伸体。

第 4 步：用艺术曲面修剪拉伸体，修剪方向向下，修剪掉下半部分。

第 5 步：对拉伸体的尖角进行倒圆，倒圆半径为 0.2mm。

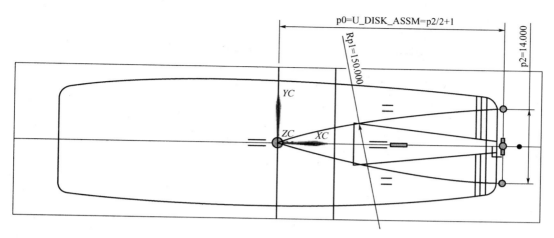

图 6.38　优盘顶面浮雕造型草图轮廓线

第 6 步：选择"插入"→"偏置/缩放"→"偏置面"（Offset Face）命令，打开"偏置面"对话框，将修剪出的表面向下偏置 0.3mm，如图 6.39 所示。

第 7 步：用优盘实体减去拉伸体，形成凹陷造型，如图 6.39 所示。

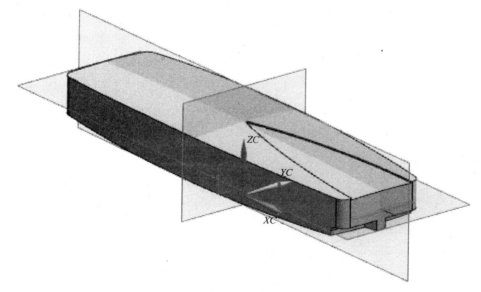

图 6.39　凹陷造型

第 8 步：使层 13 成为工作层，建立优盘底面浮雕造型草图轮廓线，草图名称设为 Bottom，附着平面选择基准平面 3，水平参考选择基准平面 2，如图 6.40 所示。

第 9 步：拉伸草图 Bottom，拉伸距离为 20mm，拉伸方向向上，建立拉伸体。

第 10 步：用镜像的艺术曲面修剪拉伸体，修剪方向向下，修剪掉下半部分。

第 11 步：选择"插入"→"偏置/缩放"→"偏置面"（Offset Face）命令，打开"偏置面"对话框，将修剪出的表面向下偏置 0.3mm，如图 6.41 所示。

第 12 步：用优盘实体与拉伸体作布尔"加"运算，形成凸起造型，如图 6.41 所示。

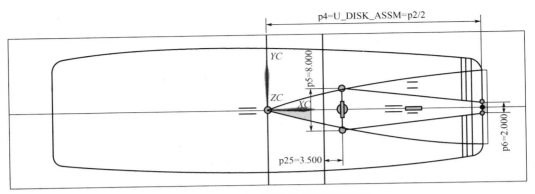

图 6.40　优盘底面浮雕造型草图轮廓线

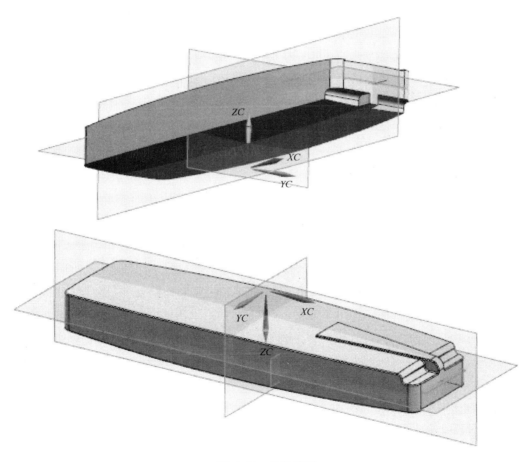

图 6.41　凸起造型

　　第 13 步：建立优盘体与优盘盖的分型面，使 U _ Disk _ Assm 成为工作部件，使层 21 成为工作层。

　　第 14 步：建立图 6.42 所示的优盘分型面草图轮廓线，草图名称设为 Cap，附着平面选择基准平面 3，水平参考选择基准平面 2，并且定义几何约束和尺寸约束。

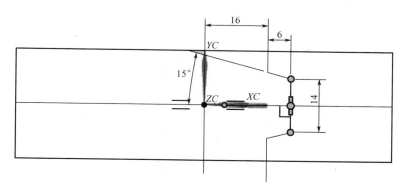

图 6.42　优盘分型面草图轮廓线

第 15 步：建立优盘体与盖的分型面片体，使层 32 成为工作层，拉伸草图 Cap，起始距离为 15mm，终止距离为 −15mm，如图 6.42 所示。

6.2.3　建立优盘壳体装配结构

使用关联性复制几何体方法，建立优盘壳体装配结构。

第 1 步：使组件 Styling 成为工作部件，用 WAVE 方法建立其组件 Base 和 Cap，并且将优盘实体关联性复制到组件 Base 和 Cap。

第 2 步：再使 Base 成为工作部件，用 WAVE 方法建立组件其 Top 和 Bottom，如图 6.43所示。

图 6.43　优盘壳体装配结构

第 3 步：关联性复制几何体。

（1）使 U_Disk_Assm 成为工作部件。

（2）使层 1 成为工作层，使层 32 可选，使其他层不可见，如图 6.44 所示。

（3）将光标置于 U_Disk_Assm 上，按 MB3，在弹出的快捷菜单中，选择"WAVE"→"将几何体复制到组件"命令，将拉伸片体和 3 个基准平面关联性复制到组件 Base。

（4）将拉伸片体和基准平面 1、2 关联性复制到组件 Cap。

（5）将基准平面 3 关联性复制到组件 Top 和 Bottom。

第 4 步：使组件 Styling 成为工作部件，将光标置于 Styling 上，按 MB3，在弹出的

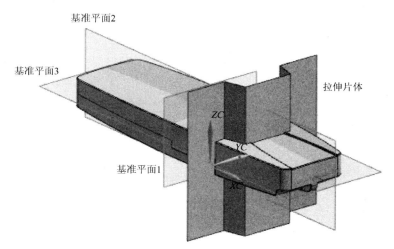

图 6.44　关联性复制几何体

快捷菜单中选择"显示和隐藏"→"仅显示该组件"命令。

第 5 步：将光标置于 Styling 上，按 MB3，在弹出的快捷菜单中选择"WAVE"→
"将几何体复制到组件"命令，将优盘实体关联性复制到组件 Base 和 Cap。

6.2.4　优盘壳体的创新设计

第 1 步：使组件 Base 成为显示部件，使用拉伸片体修剪实体，并且将修剪出的 5 个
表面向内偏置−0.2mm（形成优盘体与优盘盖的配合间隙），如图 6.45 所示。

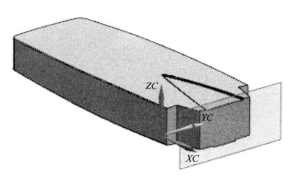

图 6.45　组件 Base 的修剪结果

第 2 步：对修剪实体前端面建立偏置基准平面，偏置方向向外，偏置距离为 2mm，
如图 6.46 所示。

第 3 步：使 U_Disk_Assm 成为工作部件，将光标置于 U_Disk_Assm 上，按
MB3，在弹出的快捷菜单中选择"显示和隐藏"→"仅显示该组件"命令，将实体关联性
复制到组件 Base 和 Cap。

第 4 步：使组件 Base 成为显示部件，对新复制的实体进行表面偏置，选择"插入"→
"偏置/缩放"→"偏置面"（Offset Face）命令，打开"偏置面"对话框，在类型过滤
器中选择"体的面"，偏置值为−1mm，将新复制的实体表面向内偏置 1mm，结果如
图 6.46 所示。

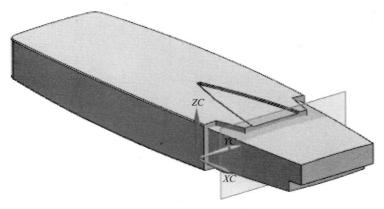

图 6.46　组件 **Base** 的细节设计

第5步：使用偏置的基准平面修剪实体，剪掉实体的右侧，结果如图 6.47 所示。

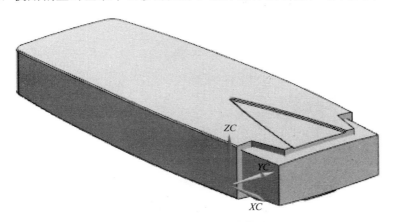

图 6.47　组件 **Base** 的建模结果

　　第6步：将两个实体作布尔"加"运算，再抽壳实体，选择"插入"→"偏置/缩放"→"抽壳"（Shell）命令，打开"抽壳"对话框，选择"对所有面抽壳"，壁厚为 1mm，结果如图 6.48 所示。

　　第7步：使组件 Cap 成为显示部件，使用拉伸片体修剪实体，结果如图 6.4 所示。

　　第8步：使组件 Cap 成为显示部件，对新复制的实体进行表面偏置，选择"插入"→"偏置/缩放"→"偏置面"（Offset Face）命令，打开"偏置面"对话框，在类型过滤器中选择"体的面"，偏置值为－1mm，将新复制的实体表面向内偏置 1mm，结果如图 6.50 所示。

　　第9步：作布尔"减"运算，用组件 Cap 减去新复制的实体，结果如图 6.51 所示。

　　第10步：对组件 Cap 的两条垂直边建立倒圆角，半径为 1mm，如图 6.51 所示。

　　第11步：使组件 Base 成为工作部件，并且仅显示，将实体关联性复制到组件 Top 和 Bottom。

　　第12步：使组件 Top 成为显示部件，使层 62 可选，使用基准平面 3 修剪掉实体的下半部分，如图 6.52 所示。

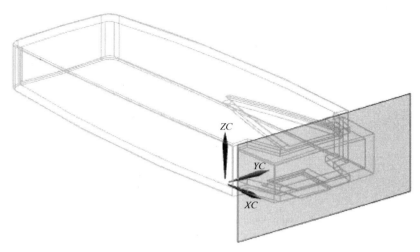

图 6.48   组件 Base 的抽壳结果

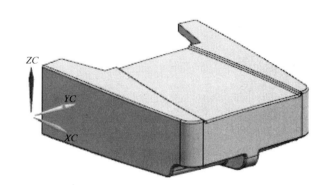

图 6.49   组件 Cap 的修剪结果

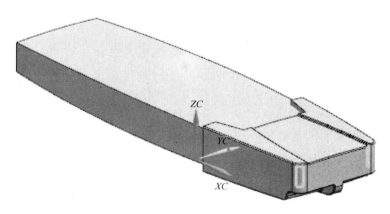

图 6.50   组件 Cap 的细节设计

第 13 步：将修剪出的面向内偏置 0.1mm，以便形成优盘盖和底座的间隙 0.1mm。

第 14 步：拉伸组件 Top 的内边界形成凹槽，使用偏置拉伸，拉伸距离为 0.5mm，偏置为±0.5mm，如图 6.53 所示。

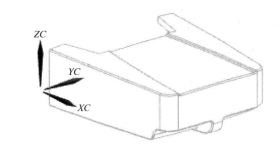

图 6.51　组件 Cap 的建模结果

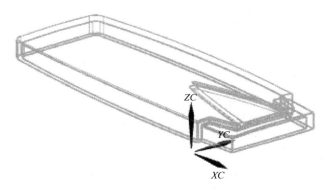

图 6.52　组件 Top

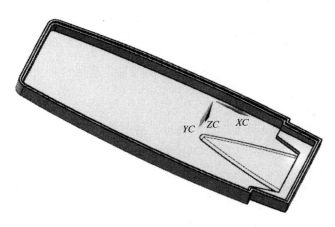

图 6.53　组件 Top 的凹槽

　　第 15 步：使组件 Bottom 成为显示部件，使层 62 可选，使用基准平面 3 修剪掉实体的上半部分，如图 6.54 所示。

　　第 16 步：将修剪出的面向内偏置 0.1mm，以便形成优盘盖和底座的间隙 0.1mm。

　　第 17 步：拉伸组件 Bottom 的内边界形成凸起，使用偏置拉伸，拉伸距离为 0.7mm，偏置为 ±0.5mm，如图 6.55 所示。

　　第 18 步：保存所有的部件。

　　到目前为止，优盘外壳的造型、装配控制结构和壳体三大组件的主要结构设计已经基

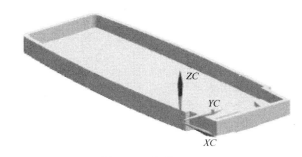

图 6.54 组件 Bottom

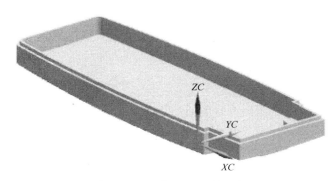

图 6.55 组件 Bottom 的凸起

本完成，零部件的细节设计将在后面展开。下面进行设计变更的测试，以便获得满意的创新产品。

以下设计更改将自动更新。

第 19 步：编辑草图 Cap，改变优盘盖分型面位置，观察自动更新结果。

第 20 步：编辑基准平面 3，改变 Top 和 Bottom 组件分型面上下位置，观察自动更新结果。

第 21 步：编辑草图 Main 侧面圆弧的弧度，观察自动更新结果。

第 22 步：编辑草图 Outline_1 和 Outline_2 的圆弧，改变优盘顶面和底面的曲面形状，观察自动更新结果。

第 23 步：关闭所有部件，不存盘。

6.2.5 建立优盘壳体和电路板的关联

第 1 步：重新打开装配 U_Disk_Assm。

第 2 步：将光标置于 Elec_Band 上，按 MB3，在弹出的快捷菜单中选择"显示和隐藏"→"仅显示"命令，使电路板 Elec_Band 成为仅显示部件。

第 3 步：将 Elec_Band 中的几何体关联性复制到组件 Cap、Top 和 Bottom（图 6.56）。

（1）将光标置于 Elec_Band 上，按 MB3，在弹出的快捷菜单中选择"WAVE"→"将几何体复制到组件"命令，将电路板 Elec_Band 上前部的 USB 接口轮廓线 1 关联性复制到组件 Cap、Top 和 Bottom。

（2）将电路板侧面开关轮廓线 3 关联性复制到组件 Top 和 Bottom。

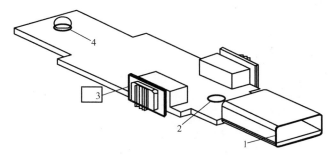

图 6.56　关联性复制电路板上的几何体

（3）将电路板中部的固定孔轮廓线 2 关联性复制到组件 Top 和 Bottom。

（4）将电路板后部指示灯轮廓线 4 关联性复制到组件 Top。

（5）将电路板下表面关联性复制到组件 Bottom。

第 4 步：使 Bottom 成为显示部件，使用关联性复制的轮廓线建立底座的开口。

（1）拉伸链接曲线 1，拉伸方向向左，拉伸距离超过底座前端内表面即可，作布尔"减"运算。

（2）拉伸链接曲线 3，拉伸方向向实体内部，拉伸距离超过底座实体的外侧表面即可，作布尔"减"运算，如图 6.57 所示。

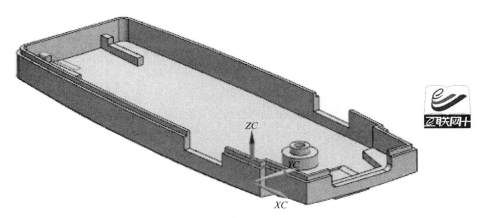

图 6.57　底座的细节设计

第 5 步：建立电路板固定座，如图 6.58 所示。

（1）拉伸链接圆 2，起始距离为 0，终止距离选择"直至延伸部分"，选择底座的内表面，作布尔"加"运算。

（2）偏置拉伸链接圆 2，起始距离为 1mm，终止距离选择"直至延伸部分"，选择底座的内表面，偏置选择两侧，向内侧偏置为 0，向外侧偏置为 1mm，作布尔"加"运算，如图 6.58 所示。

（3）建立底座矩形凹槽（固定螺钉孔和贴商标位置）型腔特征，如图 6.58 所示。

（4）选择凸台顶面（链接圆 2 所在的面）的圆心建立通孔，直径为 1.5mm。

（5）从底座矩形凹槽侧建立阶梯孔，阶梯孔直径为 3.5mm，深度为 1.5mm，孔直径为 1.5mm，形成固定螺钉的阶梯孔，如图 6.58 所示。

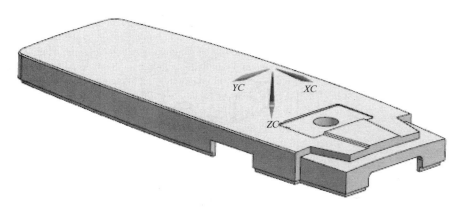

图 6.58　底座的细节设计

第 6 步：建立固定电路板的凹槽。

（1）选择凸台顶面（链接圆 2 所在的面）建立基准平面，并且在该基准平面建立草图，草图名称为 FIX_SEAT，尺寸和定位如图 6.59 所示。

（2）拉伸草图，起始距离为 0，终止距离选择"直至延伸部分"，选择底座的内表面，作布尔"加"运算。

（3）拉伸关联性复制的电路板下表面，拉伸方向向上，拉伸距离为 3mm（超过电路板的厚度），作布尔"减"运算，如图 6.59 所示。

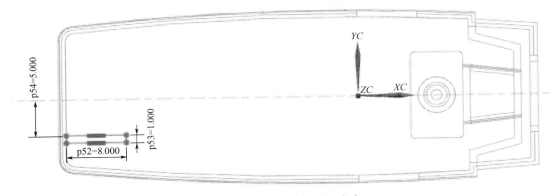

图 6.59　建立电路板后固定座

第 7 步：使用与第 4 步相同的方法，打开图层 11 和图层 13，建立顶盖 Top 相应的开口，结果如图 6.60 所示。

第 8 步：建立顶盖固定电路板的螺钉座。拉伸链接圆 2，起始距离为 0，终止距离选择"直至延伸部分"，选择顶盖的内表面，选择偏置，向圆外偏置 1mm，向内偏置 0，执行布尔加运算，结果如图 6.61 所示。

第 9 步：建立顶盖电路板固定座压块。

（1）将第 6 步建立的草图 FIX_SEAT 关联性复制到组件 Top。

（2）确认组件 Top 为工作部件。

（3）拉伸链接草图到顶盖的内表面，作布尔"加"运算，并且建立镜像特征，结果如图 6.62 所示。

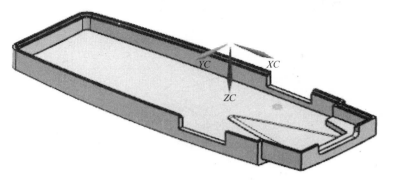

图 6.60　建立顶盖 Top 相应的开口

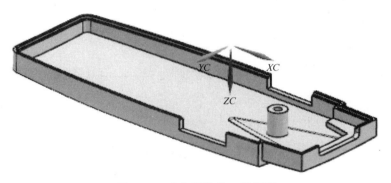

图 6.61　建立顶盖 Top 螺钉座

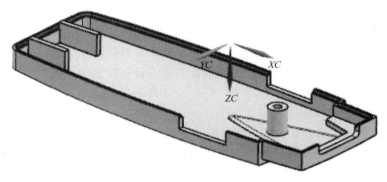

图 6.62　顶盖电路板固定座压块

第 10 步：建立顶盖指示灯孔的开口轮廓线草图，拉伸轮廓线，形成顶盖指示灯开口，倒圆角，如图 6.63 所示。

以下设计更改将自动更新。

第 11 步：调整电路板的装配位置观察组件 Top 和 Bottom 相应开口位置的自动更新，包括侧面开口、顶面指示灯位置、电路板的固定座和螺钉孔位置的自动更新。

第 12 步：编辑草图 Main 侧面圆弧的弧度，观察自动更新结果。

第 13 步：编辑草图 Outline＿1 和 Outline＿2 的圆弧，改变优盘顶面和底面的曲面形状，观察自动更新结果。

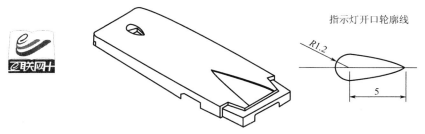

图 6.63　顶盖指示灯开口

第 14 步：编辑草图 Cap，改变优盘盖分型面位置，观察自动更新结果。

第 15 步：关闭所有部件，不存盘。

第 16 步：编辑基准平面 3，改变 Top 和 Bottom 组件分型面上下位置，观察自动更新结果。

6.3　综合实践案例 3：系统工程的方法——火箭模型的创新设计

火箭模型实践案例使用的创新方法是系统工程的方法。系统工程方法与自顶向下设计方法类似，但采用模块化设计技术，将一个大型复杂产品分解为总体控制结构和若干个具有关联性的子系统，避免过于庞大的装配结构。每个子系统都来自控制结构，在保持与控制结构相关联的条件下，可以相对独立地展开设计工作，同时满足产品总体设计的要求。

6.3.1　定义控制结构

产品创新设计不是一项简单的工作，一般需要一个设计团队，在接受产品创新设计任务和建立部件去定义一个控制结构之前，应花时间去计划树型控制结构并决定要包括什么数据，它将放在何处，谁负责建立与维护它。通常，不是由一个人去定义和维护整个控制结构，而是由不同个人或小组间相互协作。

下列问题将帮助定义一个控制结构。

（1）总的产品参数是什么（基于市场需求、性能需求等）？

（2）形成产品的主要子系统是如何划分的？这些不一定需要与最终产品装配中的子装配相同。它们将含有由责任设计部门或子承包商定义和控制的数据。

（3）什么几何体应该在控制结构的顶级中定义？它们将是多于一个子系统需要的数据（由一项目领导者控制的数据，如总的产品轮廓、子系统位置、绝对基准、工业设计曲面、分模面等）。

（4）主要的子系统可以被分成较小的子系统吗？如果可以，什么数据（参数、几何体、基准）必须建立在主子系统级并是由多于一个较小的子系统所需要的？

本实践案例将从零开始为火箭模型开发一个控制结构。装配结构和几何体相对简单，步骤详细列出，如果有必要，请复习并参考前几章中的材料。

以下信息定义该控制结构的需求。

1. 总的产品参数

总的产品参数包括弹体外直径、弹头长、发动机长、仪表舱长、舵面高和宽。

注意：参数也可以包括非几何值，如要求的质量或高度，这些值可以被引用到方程中决定必需的直径和发动机长（推进剂体积）。

2. 主要子系统

主要子系统包括弹体、弹头、舵面、发动机、仪表舱，如图 6.64 所示。

3. 顶级产品几何体

顶级产品几何体包括外形草图、绝对基准（包括火箭中心线）、弹体、弹头、舵、发动机和仪表舱位置基准，如图 6.65 所示。

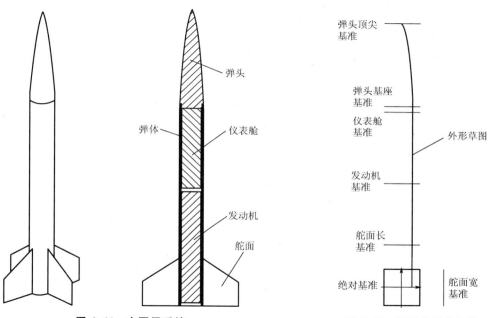

图 6.64　主要子系统　　　　　图 6.65　顶级产品几何体

为了节省时间，主要子系统将不再分成较小的子系统。然而，实际上仪表舱系统可以分成较小的单元，如回收系统（降落伞舱）和电子设备。

注意：为了一致性，在本案例中对所有部件利用下列层标准。

Layer 1～20：实体。

Layer 21～40：草图。

Layer 41～60：曲线。

Layer 61～80：参考几何体（基准）。

Layer 31～100：片体。

6.3.2　火箭模型的创新设计

第1步：为控制结构顶级建立一名为 ＊＊＊＿cs＿rocket 的新部件，单位为 in。

第2步：为总的火箭参数建立表达式。

dia＝2.00

eng _ len＝10.00

fin _ len＝4.00

fin _ wid＝3.00

nose _ len＝8.00

payload _ len＝6.00

第3步：建立3个绝对基准面和3个绝对基准轴［绝对坐标（0,0,0）将是火箭底部中心］，如图6.66所示。

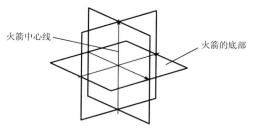

图 6.66　绝对基准面和绝对基准轴

第4步：从绝对 *XY* 基准面偏置建立基准面，定义舵面长、发动机位置、仪表舱位置、弹头位置。从绝对 *XZ* 基准面偏置建立另一个基准面，定义舵面宽，如图6.67所示，参考已存表达式。

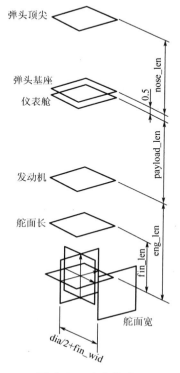

图 6.67　建立基准

第5步：在垂直的绝对基准面 *YZ* 之上建立一外形草图，定义火箭弹体和弹头的外包封。利用点在曲线上，共线、垂直和相切几何约束。加一尺寸约束以关联草图到 dia 表达式，如图 6.68 所示。

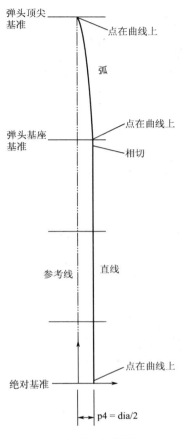

图 6.68 加约束

在以下几步中，你将建立控制结构中新的级，它们含有链接几何体，如图 6.69 所示。

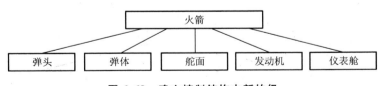

图 6.69 建立控制结构中新的级

第6步：为弹头建立一个新级，命名部件为 ＊＊＊_cs_nose 并加外形草图、弹头顶尖基准、弹头基座基准、仪表舱基准和绝对基准到新部件，如图 6.70 所示。

注意：所有链接的绝对基准将被用在这个练习中。然而，在之后需要用它们去定位新几何体的场合，为了参考包括它们是一个好的实践。

第7步：为弹体建立一个新级，命名部件为 ＊＊＊_cs_body 并加外形草图、弹头基座基准、舵面高基准和绝对基准到新部件，如图 6.71 所示。

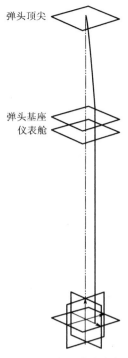

图 6.70　建立弹头新级

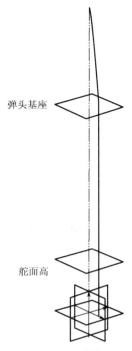

图 6.71　建立弹体新级

第 8 步：为发动机建立一个新级，命名部件为 ＊＊＊＿cs＿engine 并加外形草图、发动机基准和绝对基准到新部件，如图 6.72 所示。

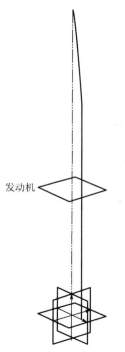

图 6.72　建立发动机新级

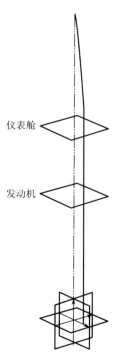

图 6.73　建立仪表舱新级

第9步：为仪表舱建立一个新级，命名部件为＊＊＊_cs_payload 并加外形草图、发动机基准、仪表舱基准和绝对基准到新部件，如图 6.73 所示。

注意：仪表舱子系统可以分成较小的组件，如回收系统及电子设备。

第10步：为舵面建立一个新级，命名部件为＊＊＊_cs_fin 并加外形草图、两个舵面基准和绝对基准到新部件，如图 6.74 所示。

第11步：为弹头建立一实体包封。

（1）使＊＊＊_cs_nose 为显示部件。

（2）绕火箭中心线旋转草图中的弧建立一实体，如图 6.75 所示。

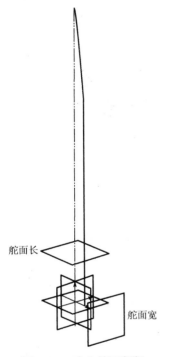

图 6.74　建立舵面新级

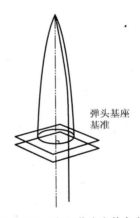

图 6.75　建立弹头实体包封

注意：如果外形草图更复杂或经常需要改变（代替曲线），旋转整个草图更方便，并修剪最终实体到弹头基准面。

（3）用向下拉伸弹头的底部圆形边缘建立另一实体，拉伸终止距离选择"直至延伸部分"，选择仪表舱基准面。

（4）偏置选择单侧偏置，向里偏置柱表面 0.093in。

（5）将实体与弹头作布尔"加"运算，如图 6.76 所示。

第12步：为弹体管建立实体。

（1）使＊＊＊_cs_body 为显示部件。

（2）绕火箭中心线旋转草图中的垂直线，利用一 0.062in 的偏置建立一空心实体，如图 6.77 所示。

注意：与弹头相同，如果外形草图更复杂或经常需要改变（代替曲线），旋转整个草图更方便，并修剪最终实体到弹头基准面。

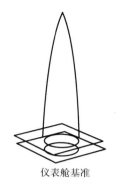

仪表舱基准

图 6.76　建立弹头

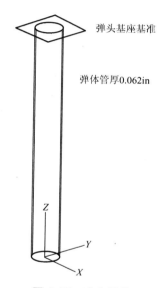

弹头基座基准

弹体管厚0.062in

Z

Y

X

图 6.77　建立弹体

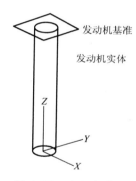

发动机基准

发动机实体

Z

Y

X

图 6.78　建立发动机

第 13 步：为发动机包封建立一实体。

（1）使＊＊＊＿cs＿engine 为显示部件。

（2）绕火箭中心线旋转草图建立一实体（不偏置）。

（3）向里偏置旋转特征 0.13in，这将允许建立发动机安装空间。

（4）修剪实体到发动机基准面，移掉上半部，结果如图 6.78 所示。

第 14 步：为仪表舱包封建立实体。

（1）使＊＊＊＿cs＿payload 为显示部件。

（2）绕火箭中心线旋转草图建立一实体（不偏置）。

（3）向里偏置旋转特征 0.13in，这将允许建立安装空间。

（4）修剪实体到仪表舱基准面，移掉上半部。

（5）修剪实体到发动机基准面，移掉下半部，结果如图 6.79 所示。

第 15 步：为舵面建立实体。

（1）使＊＊＊＿cs＿fin 为显示部件。

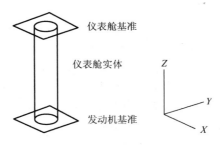

图 6.79　建立仪表舱

（2）建立一附着到链接的 YZ 基准的新草图，并按图 6.80 约束。

（3）利用－0.03 和＋0.03 起始和终止距离拉伸舱面草图，结果如图 6.81 所示。

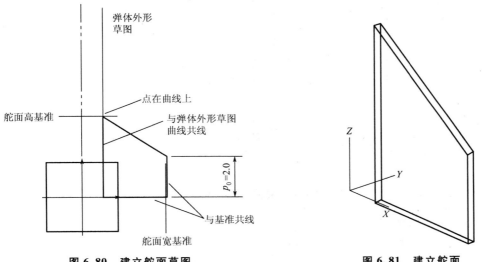

图 6.80　建立舵面草图　　　　　**图 6.81　建立舵面**

第 16 步：为每个组件建立一起始部件（建立新级），并加所有几何体到它们。命名起始部件为 ＊＊＊＿cs＿start＿nose、＊＊＊＿cs＿start＿body 等，如图 6.82 所示。

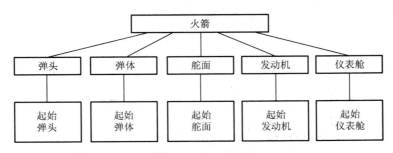

图 6.82　建立起始部件

第 17 步：在每个起始部件中，建立一引用集（相应地命名为 NOSE、BODY、FIN、ENGINE、PAYLOAD），并仅加实体到它。

第 18 步：从每个起始部件建立一链接部件，它们将被用在一产品装配中（命名链接部件为＊＊＊＿pa＿nose、＊＊＊＿pa＿body、＊＊＊＿pa＿fin 等，并利用前一步中建立的引用集）。

注意：从同一起始部件可以建立多于一个的链接部件。例如，发动机起始部件也可以用于为发动机安装建立链接部件。

第19步：为产品装配建立一部件，命名为＊＊＊＿pa＿rocket。

第20步：利用绝对定位加链接部件为组件。

第21步：建立一圆形组件阵到产生4个舵面，彼此间隔90°，如图6.83所示。

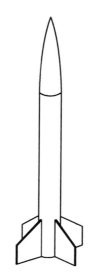

图 6.83　建立 4 个舵面

第22步：加更多的细节到产品装配部件，如倒圆和倒角。

第23步：改变在控制结构中的表达式，并利用关联管理器更新装配以测试相关性。

第24步：将＊＊＊＿cs＿rocket变为工作部件，对定义的表达式（图6.84）进行修改，观察模型变化，体会WAVE设计方法的优势。

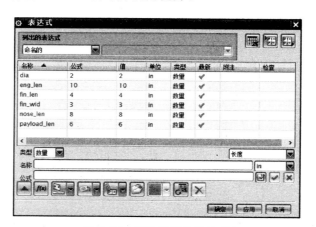

图 6.84　修改定义的表达式

附录 A

理论思考题

一、单项选择题

1. 使用 WAVE 几何链接器必须使（　　）成为工作部件。
   A. 装配件　　　　　B. 目标组件　　　　　C. 父组件　　　　　D. 子组件

2. 为了使用（　　），必须激活 WAVE 模式。
   A. "WAVE 几何链接器"命令
   B. "WAVE 关联管理器"命令
   C. 装配导航器中的"WAVE"命令
   D. "WAVE 几何链接器"命令

3. 使用 WAVE 几何链接器可以在（　　）中选择要复制的几何对象。
   A. 装配件　　　　　　　　　　B. 子装配件
   C. 任意组件　　　　　　　　　D. 除工作部件外任意组件或装配件

4. 使用"将几何体复制到组件"命令不能复制几何对象到（　　）。
   A. 顶级装配　　　　B. 子装配　　　　C. 父组件　　　　D. 子组件

5. 建立对称件应该使用（　　）命令。
   A. 关联复制中的镜像几何体　　　　B. 镜像装配
   C. WAVE 几何链接器中的镜像体　　D. 都可以

6. 使用"复制组件为"命令所建立组件的（　　）保持相关性。
   A. 特征参数　　　　　　　　　B. 链接特征
   C. 位置　　　　　　　　　　　D. 配对约束

7. 带有几何链接特征的组件在装配时，（　　）不能用于建立配对约束。
   A. 所有特征均　　　　　　　　B. 仅链接特征
   C. 链接特征前的特征　　　　　D. 链接特征后的特征

8. 冻结部件操作命令在（　　）对话框中。
   A. 关联管理器（Associativity Manager）
   B. 几何导航器（Geometry Navigator）
   C. 部件间链接浏览器（Part Link Browser）
   D. 部件导航器（Part Navigator）

9. 为了避免某个组件的自动更新，同时使该组件存盘后、重新打开后能够保持这种状态，可以（   ）。

A. 勾选"延迟装配约束更新"（Delay Interpart Update）复选框

B. 使用在作业中冻结（Freeze In Session）功能

C. 使用永久冻结（Freeze Persistently）功能

D. 都可以

10. 在一装配中，使用 WAVE 几何链接器将组件 A（下图长方体）的上表面关联性复制到组件 B；然后再对组件 A 上表面打孔，如果勾选"固定于当前时间戳记"复选框，则组件 B 所复制的上表面（   ）。

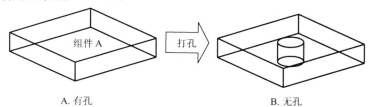

A. 有孔　　　　　　　　　　　　　　B. 无孔

二、多项选择题

1. 为了保证模型数据的全相关，下列命令和工具不能使用的是（   ）。

A. 拆分体（Split Body）

B. 草图（Sketch）

C. 抽取（Extract Curve）

D. 阵列特征（Instance）

2. 造成装配中相关组件不能更新（即使强制更新）的可能原因是（   ）。

A. 打开装配时，装配装载选项使用了部分装载选项

B. 组件被冻结

C. 勾选了"延迟装配约束更新"复选框

D. 几何链接被打断

3. 造成几何链接断开的可能原因是（   ）。

A. 父几何对象被删除　　　　　　　　B. 父组件被删除

C. 人工断开链接　　　　　　　　　　D. 父几何对象非参数化

4. 为了使用 WAVE 几何链接器，必须完成下列（   ）工作。

A. 购买 WAVE 模块　　　　　　　　B. 设置环境变量

C. 进入装配模块　　　　　　　　　　D. 激活 WAVE 模式

5. 为了建立位置无关的链接几何对象，可以使用（   ）命令。

A. 将几何体复制到组件（Copy Geometry to Component）

B. 将几何体复制到部件（Copy Geometry to Part）

C. 将几何体复制到新部件（Copy Geometry to New Part）

D. 复制组件为（Copy Component As）

6. 自顶向下装配适用于（   ）设计。

A. 简单产品　　　　　　　　　　　　B. 中等复杂产品

C. 大型复杂产品　　　　　　　　　　D. 都可以

7. 如果组件的第一个特征是链接特征，则该组件不能建立（　　）。

A. 阵列（Instance Feature）

B. 线性阵列（Linear）

C. 环形阵列（Circular）

D. 配对约束（Mate Component）

8. 为了观察更新后模型的变化（Review After Update），必须执行以下（　　）操作。

A. 不勾选"延迟装配约束更新"复选框

B. 显示方式切换到线框（Wireframe）模式

C. 勾选"延迟装配约束更新"复选框

D. 显示方式切换到着色（Shaded）模式

9. 完全装载 WAVE 数据有以下（　　）方法。

A. 使部件成为工作部件

B. 使部件成为显示部件

C. 选择"装配"→"WAVE"→"加载部件间数据"命令

D. 选择"装配"→"WAVE"→"关联管理器"→"解决更新状态"命令

三、是非题

1. 只要购买了装配模块就可以使用 WAVE 几何链接器。（　　）

2. 没有 WAVE 模块的用户可以打开包含 WAVE 数据的装配，但不能更新 WAVE 数据。（　　）

3. 可以在不进入建模应用情况下使用 WAVE 几何链接器。（　　）

4. WAVE 技术的基本原理是关联性复制几何对象。（　　）

5. WAVE 几何链接器可以在任意组件之间建立链接几何对象，包括顶级装配。（　　）

6. 所有的 WAVE 命令均可以在下拉菜单中找到。（　　）

7. WAVE 几何链接器中的镜像体和关联复制命令中的镜像几何体是相同的。（　　）

8. 链接的几何对象的参数不能编辑。（　　）

9. 如果装配中一个组件的第一个特征是链接特征（或基于链接几何对象），那么该组件不能建立配对约束。（　　）

10. "复制组件为"（Copy Component As）命令所复制的组件与原组件没有关联性。（　　）

11. "将几何体复制到组件"命令可以在任意组件或子装配之间关联性复制几何对象，但是不能复制到顶级装配。（　　）

12. 如果将链接几何对象的父几何体或父组件删除，链接的几何对象同时自动删除。（　　）

13. 为了保证所有链接部件的更新，组件或链接部件必须打开并且完全装载。（　　）

14. 非参数化特征不能进行关联性复制。（　　）

15. 可以使用 WAVE 几何链接器建立没有关联性的链接几何对象。（　　）

16. 部分装载含有链接对象的组件不会自动更新。（　　）

17. 打开装配时，为了保证 WAVE 数据的完全装载，"装配加载选项"对话框中"加载部件间数据"（Load Interpart Data）复选框（图 A.1）必须勾选。（　　）

图 A. 1

18. 采用 WAVE 几何链接器建立的几何对象是位置相关的。（　　　）

19. "将几何体复制到组件"命令可以在任意组件或装配中选择要复制的几何对象。
（　　　）

四、简答题

1. 说明使用 WAVE 几何链接器关联性复制几何对象的操作步骤。

2. 完全装载 WAVE 数据有哪几种方法？

3. 说明选择"WAVE"→"新建级别"命令建立新组件与自顶向下装配建立新组件
（Create New Component）的区别。

4. 什么是"固定于当前时间截记"（At Timestamp)？并说明其功用。

5. 如何冻结部件？在什么情况下需要使用冻结部件操作？

6. 根据下图所示的"装配加载选项"对话框，举例说明"加载部件间数据"复选框的作用和用法。

附录 B

创新实践题

1. 从 Test＿1 目录打开 box＿assm 装配，该装配包含一个 box 组件，根据图 B.1 所示尺寸，完成盒盖组件 cover（要求盒盖大小、形状与盒完全相关，盒盖高度与盒开口高度相关）。

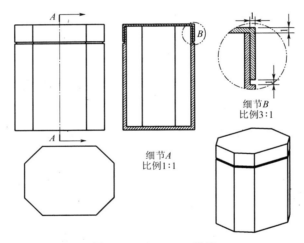

图 B.1　box＿assm 装配

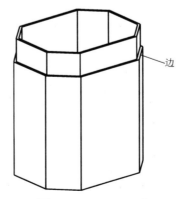

图 B.2　box＿assm 盒

2. 建立一个装配件 Clip＿assm，加入组件 Clip（在 Test＿2 目录中），如图 B.3 所示，要求使用 WAVE 方法建立夹子另外一半 Clip＿1，尺寸如图 B.4 所示，相应配合圆孔与 Clip 部件同心，同时必须保证圆心位置相关。

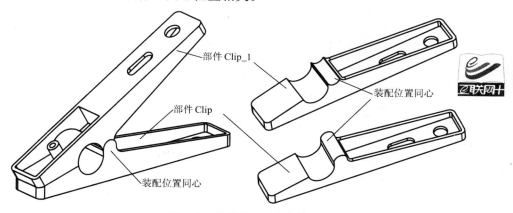

图 B.3　装配件 Clip＿assm

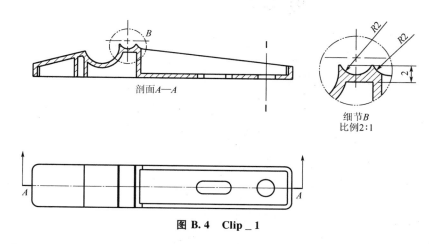

图 B.4　Clip＿1

3. 打开 Test＿3＿assm（在 Test＿3 目录中），如图 B.5 所示，图中草图线作为方盒底座和盖的分型面控制曲线。根据图 B.6 所示的尺寸，采用 WAVE 方法建立底座

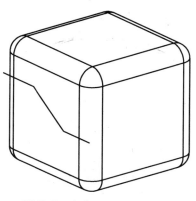

图 B.5　方盒 Test＿3＿assm

（Button）和盖（Top）组件，并且在分型面处建立配合开口特征，如图 B.7 所示。要求
装配中调整控制草图曲线上下位置时，相应组件能够自动更新。

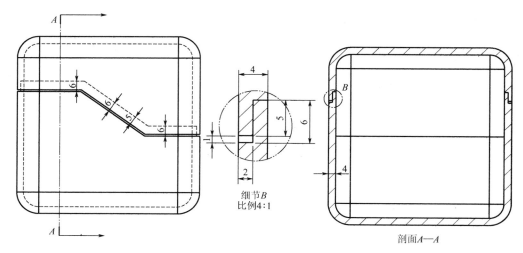

图 B.6　尺寸要求

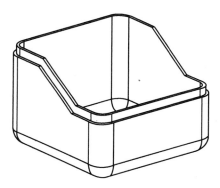

图 B.7　开口特征

4. 建立新加工工序装配 half_axis_process，从 Test_4 目录中加入毛坯部件 half_axis，
如图 B.8 所示，要求根据图 B.9 所示的零件尺寸，采用 WAVE 方法建立 3 道加工工序装

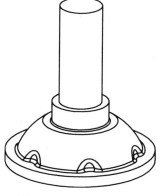

图 B.8　毛坯 half_axis

配，如图 B.10 所示。保证毛坯参数修改后，相关工序组件自动更新。组件名可取 half_axis_op1、half_axis_op2、half_axis_op3（组件之间间距：$\Delta X = 80$，$\Delta Y = 80$）。

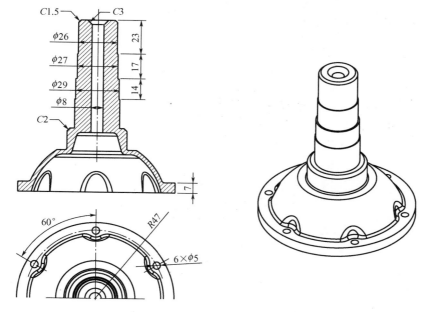

图 B.9　最终零件尺寸

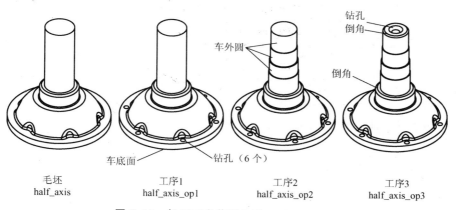

图 B.10　加工工序装配 half_axis_process

5. 图 B.11 为简化的汽车车架装配，要求边梁、横梁完全相关，车架总体尺寸编辑后，所有组件自动更新。边梁、横梁为等截面，尺寸相同，倒角半径 10，壁厚 5。（参考装配名：Frame_assm，边梁：Side_Beam，横梁：Beam_1、Beam_2 等）

6. 根据图 B.12 装配爆炸图和图 B.13 装配尺寸图进行创新产品设计，要求使用 WAVE 方法建立装配件全相关、全参数模型，具体要求如下。

（1）建立一个目录，如 E:\innovate，装配件名为 XZD_ASSM（其他组件名称可参考图 B.12 建立，也可自己命名），零件尺寸单位均为毫米（mm）；所有外形控制草图及分型面控制基准平面均建立在该目录中，草图及分型面控制基准平面根据图 B.14 要求命名。

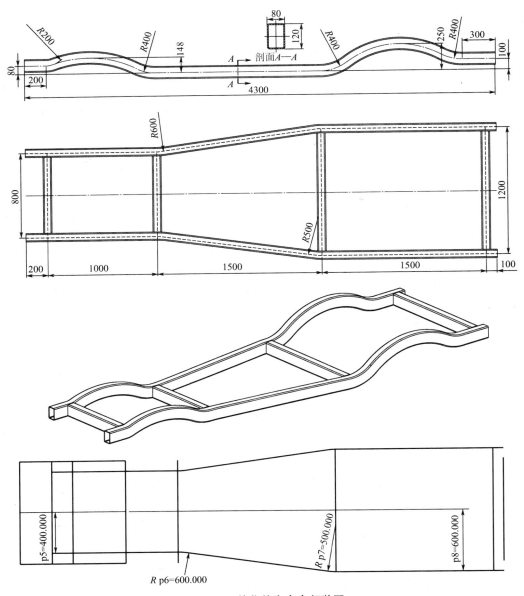

图 B.11   简化的汽车车架装配

（2）未注圆角半径 1mm；壳体壁厚为 1mm，顶面浮雕深度为 0.3mm。

（3）修正带盒顶面与底面曲面形状相同。

（4）修正带芯底座 5 的外形尺寸与修正带盒外形尺寸相似，并且与修正带盒外形相关联。

（5）修正带盒的总体尺寸（长、宽、高）需要调整，调整后相关零部件能够自动更新。

（6）修正带盒与盖之间的样条曲线分型面位置能够调整，调整后相关零部件能够自动更新。

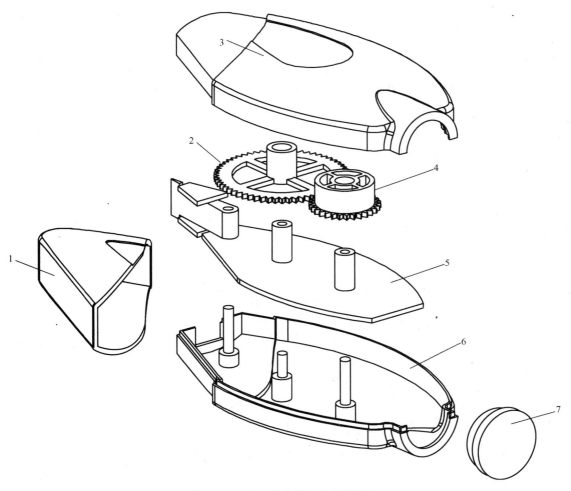

图 B.12　修正带盒装配总成爆炸图

1—盖（Cap）；2—大齿轮（Gear_1）；3—壳体上盖（Top）；4—小齿轮（Gear_2）；
5—修正带芯底座（XZD_Base）；6—壳体底座（Bottom）；7—磁铁（Magnet）

层设置要求如下。

层1：最终完成的实体。

层2：外形轮廓控制草图。

层3：盖1分型面控制条。

层4：壳体上盖3与底座6分型面控制基准平面。

层11～20：草图曲线。

层21～30：基准平面（轴）。

层31～40：片体。

层41～50：其他辅助几何体。

（7）修正带盒壳体上盖3与底座6之间分型面居中，分型面调整后相关零部件能够自动更新。

（8）对所有的组件建立名为BODY（只包含实体）的引用集，最终完成的装配使用该引用集。

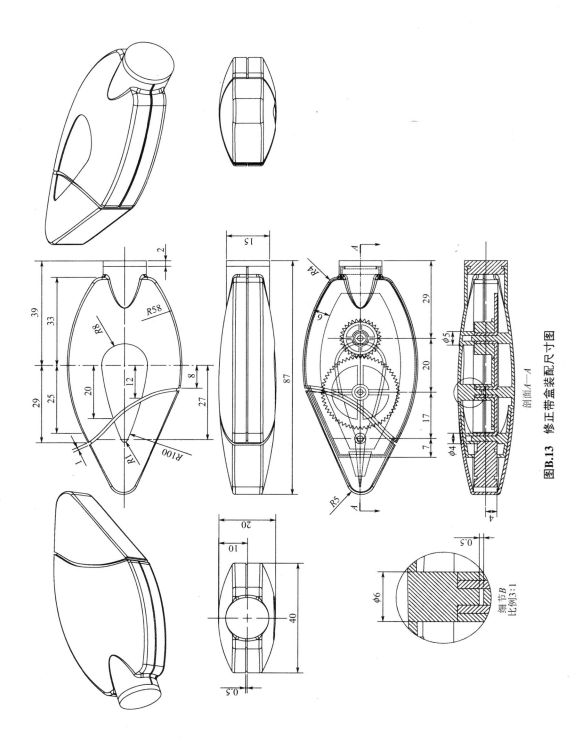

图B.13 修正带盒装配尺寸图

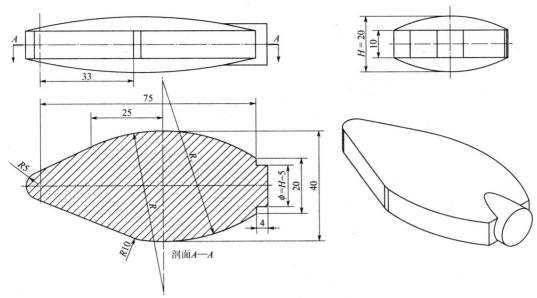

图 B.14 修正带盒总体外形尺寸图

外形轮廓草图名：SKETCH_BASE；顶面曲面草图名：SKETCH_TOP_1，SKETCH_TOP_2
（该草图顶面高度要求使用基准平面控制，该基准平面名：DATUM_TOP）；
修正带盖分型面样条草图名：SKETCH_CAP；
壳体上盖3与壳体底座6之间分型面基准平面名：DATUM_MID

修正带芯底座、修正带壳体底座、修正带壳体顶盖、修正带芯大齿轮、修正带芯小齿轮、磁铁尺寸图如图 B.15～图 B.20 所示。

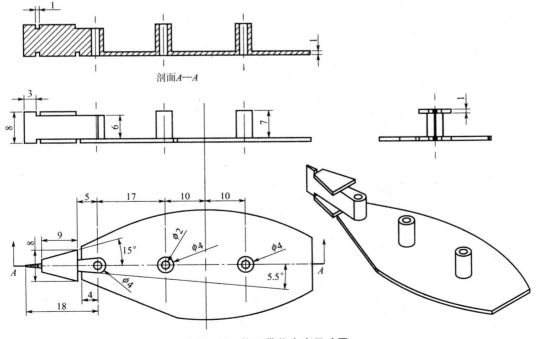

图 B.15 修正带芯底座尺寸图

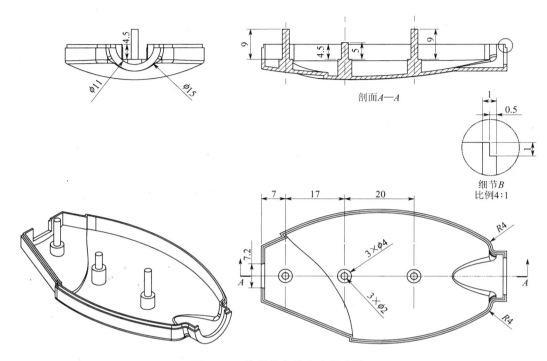

图 B.16 修正带壳体底座尺寸图

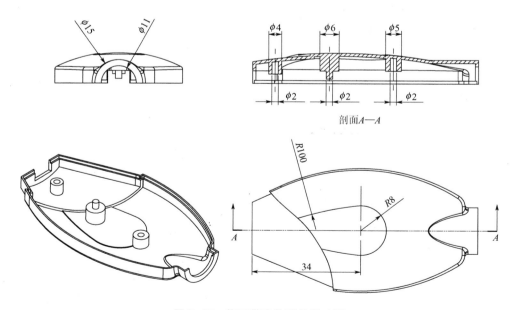

图 B.17 修正带壳体顶盖尺寸图

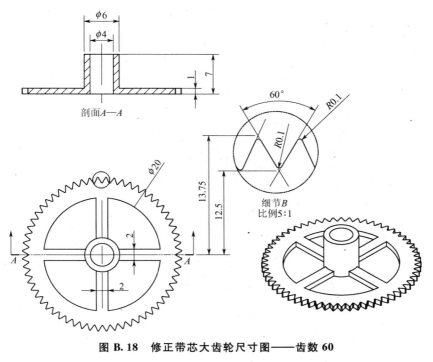

图 B.18　修正带芯大齿轮尺寸图——齿数 60

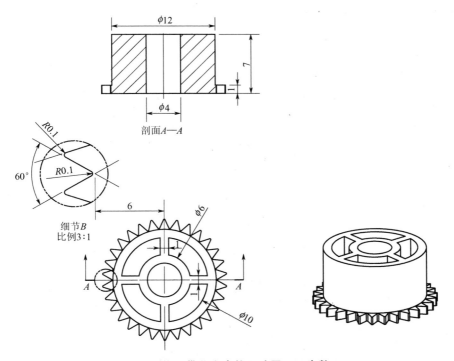

图 B.19　修正带芯小齿轮尺寸图——齿数 30

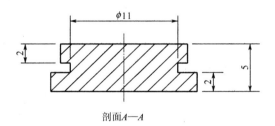

剖面A—A

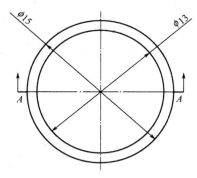

图 B.20 磁铁尺寸图

附录 C
学生大作业要求

学习本课程后要求 2~5 名学生组成一个项目组，撰写产品创新设计与制造报告，报告需包含下列内容。

1. 产品创新设计

（1）什么是创新？

（2）对于创新的理解、方法等。

2. 典型产品创新设计的实践

（1）进行市场调研，确定产品创新设计方案。

（2）定义产品控制结构及参数等。

（3）完成一个典型产品的创新设计，给出具体方法，要求配图和表等。

3. 制造

（1）介绍产品快速加工制造的新技术、新应用。

（2）常用的产品快速成型加工设备。

（3）完成典型产品的制造加工。

附录 D

（可能的）创新案例

下面的案例来源于学生作业，虽然不够成熟但是总体思路非常好，省略了设计过程，希望给读者一定的启迪。

1. 无线指环鼠标

许多上班族每天花费大量的时间在计算机前工作，颈椎劳损、手腕酸痛、"鼠标手"等问题日益凸显，这款无线指环鼠标（图 D.1）就是为解决这些问题而研发的。当第一次使用手指戴鼠标，你便会惊喜于它带来的艺术般的操作体验：鼠标像戒指一般套在食指上，用户做出交响乐指挥家那样的动作——挥动手指——就能操控计算机。搜索网页、播放电影、听音乐、发送邮件甚至是打游戏和写论文，一切都能通过手势轻松实现。靠近右手拇指的侧边有 3 个圆弧面的按键，用于实现传统鼠标的单击、拖拉、滚动等功能。接收器连接计算机 USB 接口就可以使用，可支持 Windows 系统和 Mac 系统。当你想 PPT 演示更炫酷，躺沙发上看电影更方便，床上使用笔记本更舒心时，都可以佩戴这款鼠标。

图 D.1　无线指环鼠标

2. 手环充电宝

生活中越来越离不开智能手机、平板电脑等电子产品，而产品本身的电量有限，无法进行长时间连续使用，而当电量耗尽时，身边又并不一定有电源插座，因此人们发明了便携式移动电源，即我们常说的充电宝。人们一般使用的充电宝大多数都是体积较大、不便携带的，电容量大的移动电源体积大、质量大且不方便携带，方便携带的移动电源电容量太小，因此采用手环的理念，设计了此款便携式移动电源——手环充电宝（图 D.2）。平时可以直接戴在手上，作为一个时尚的手镯；而当手机没电时，即刻变为移动电源，5000～8000mA 的容量可以对手机等进行充电，将美观与实用相结合。产品外壳采用金属材质，迎合当下年轻人简约时尚的品位，金属色的产品外观也让这个产品看起来极具科技与现代感。

这款手环兼具实用性与功能性，同时不管是在视觉上还是创新上都有着很大的突破。这款手环不再局限于一般的便携式移动电源，而是将时尚与科技相结合，把一个普通的充电宝变成了便携美观的手环。

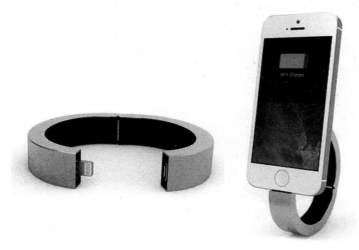

图 D.2　手环充电宝

3. 优盘笔

当今社会，办公用品除了计算机外还有各类文具，很多用到的琐碎的东西都容易遗忘，如优盘。我们通过对市场的调查和调研了解到，假如能够把优盘和笔有效地结合起来，不仅可以提高办公效率，还可以减少日常生活中的遗忘问题。优盘笔（图 D.3）就是结合了优盘和笔的两大特性，在工作完成之后顺便将所需重要文件进行保存。

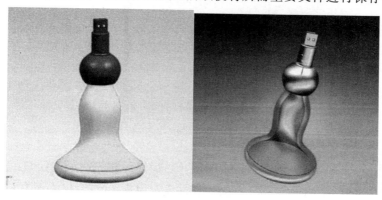

图 D.3　优盘笔

4. 可折叠便携式创意台灯

台灯不仅用于照明，还起到了一定的装饰作用。居室的台灯已经远远超越了台灯本身的价值，它已经变成了一个不可多得的艺术品，提升居家的品位。

这个设计是受到了毛绒玩具的启发，有一种毛绒玩具中带有金属骨架，它能够整体弯折保持一个特定的形态，可动性非常强。可折叠便携式创意台灯就是利用了这个原理，将现今流行的 LED 台灯加以改进，加上了可随意弯折固定形态和太阳能充电功能，如图 D.4 所示。

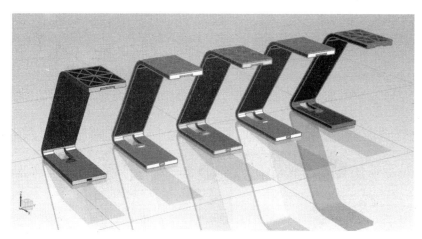

图 D.4　可折叠便携式创意台灯

台灯表面是硅胶材料，内部是五金可折弯的金属骨架，采用一体式成型工艺制作而成，外柔内钢的特性使它能随意弯折成需要的角度，理论上中间部分可以弯折 180°。产品十分纤薄，厚度只有 10mm，弯折起来后十分便于携带。

灯源使用的是 5 颗 LED 灯，LED 不仅比传统的灯泡更亮，也更加环保，对人体影响很小。内置可充电锂电池，电源来源分为 USB 接口充电和太阳能板。USB 接口满足现今的主流市场，能够十分方便地在家中使用。为了环保节能考虑，在背部设计了一块太阳能板，它通过吸收光能提供能量。

台灯整体造型时尚简洁，颜色选择性多，硅胶材料环保无毒、散热优良、轻度防水防摔，人性化触摸记忆开关具有夜间提示效果，能随时随地调节所需光源亮度，渐亮渐灭开关柔和护眼。

5. 可调式创意书架

在物质丰富的现代，书架又成了家居必不可少的装饰品，形态各异的书架让我们在学习、休闲娱乐、提高自身素养的同时又美化了居住空间。

对书架的市场调研显示，用户对其的功能需求主要集中在以下几点：①书架上可以放置一些装饰性的小东西；②书架具有多功能，单一的功能太局限了；③附加功能包括书架头灯、书架帘、台灯架、拆叠可拆装、可向一侧倾斜、升降、有书架和写字板和挂书包的地方、书架板不要有缝隙；④大多数的人期望书架可以智能化，能够有很好的检索功能等；⑤能够自由拆装，满足不同的用户。

对于书架的外观需要有以下几点：①用户对于书架的材质要求不统一，大部分用户集中在木质、塑料钢板结合；②用户对于书架的颜色要求也因喜好不同而不同，其中乳白色、木质原色、浅蓝色均较受欢迎；③大部分用户期待书架的风格是清新自然的，再就是原木原色；④用户对于学习桌的安置主要集中在书架尾和书架的两侧；⑤绝大多数的用户倾向于小巧型的，次之是中等的，大型的需求能小。

用户对于书架的其他要求有以下几点：①在总体的性能中，人们给出的关注度和排行榜是质量、风格、功能、品牌；②人们对书架使用时间方面的要求不是太高，各个时间段的人数基本均衡；③价格上面大家还是非常的有共识，认为书架只是一个小家具产品，价格定位不能太高，最好是在500元以下；④书架的适用市场已经不再是传统的书房了，越来越多的人希望可以把书架放在客厅，或者是悬挂在墙上嵌在里面。

根据此次市场调研，我们此次设计的可调式创意书架有以下几点创新。

在功能需求方面：①书架底部的板上可以放置一些盆栽等装饰性的小物件；②此次设计的书架体积、高度可根据用户的需求、书本的大小来自由拆装并调节；③此次设计的书架是可移动的，可以根据用户的需求来选择放置书架的地方，实现了书架的灵活性。

在外观和其他需求方面：①用户可根据自己的需求来选择材质，如木质、塑料钢板等材料；②用户也可根据自己的喜好来选择书架的颜色；③此次设计的书架有小、中两种型号，用户可自由选择；④对于此次设计书架的价格定位，塑料材质的定价为25~50元，钢材质的定价为50~100元，木质的定价的100~150元，复合材质的定价为35~120元。

因为此次设计的书架是可移动的，受乐高玩具的启发，我们把书架架子设计成组装式的，可以根据自己摆放的书本物件，随意改变书架架子的长度，从而使创意书架更加人性化。这样也使这个书架在市场中，凭借独特的外观和别样的特色，比同类书架畅销不少。

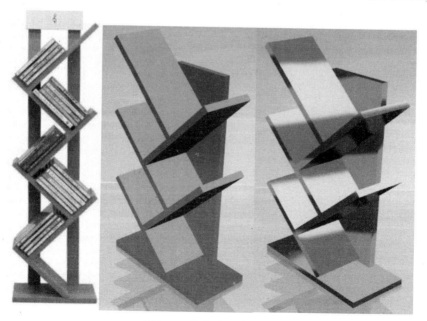

图 D.5　可调式创意书架

参 考 文 献

[1] 陈步庆，林柳兰，陆齐. 三维打印技术及系统研究 [J]. 机电一体化，2005，11（4）：13 - 15.

[2] 龚勉，唐海翔，赵波，等. UG CAD 应用案例集（NX 版）[M]. 北京：清华大学出版社，2002.

[3] 古丽萍. 蓄势待发的 3D 打印机及其发展 [J]. 数码印刷，2011（10）：64 - 67.

[4] 何高法. 摩托车产品创新设计及其训练方法研究 [J]. 重庆大学，2005.

[5] 洪如瑾. UG WAVE 产品设计技术培训教程 [M]. 北京：清华大学出版社，2002.

[6] 李彦，王杰，李翔龙，等. 创造性思维及计算机辅助产品创新设计研究 [J]. 计算机集成制造系统，2003，9（12）：1092 - 1096.

[7] 梁玲，张浩. UG NX 6 基础教程 [M]. 北京：清华大学出版社，2009.

[8] 刘厚才，莫健华，刘海涛. 三维打印快速成形技术及其应用 [J]. 机械科学与技术，2008，27（9）：1184 - 1186.

[9] 麓山文化. UG NX 7.0 中文版从入门到精通 [M]. 北京：机械工业出版社，2010.

[10] 王中行，安征. UG NX7.5 中文版基础教程（附光盘）/UG 工程师成才之路[M]. 北京：清华大学出版社，2012.

[11] 肖爱民，UG 三维机械设计实例教程（附光盘）[M]. 北京：机械工业出版社，2007.

[12] 张云杰. UG NX 6 中文版从入门到精通 [M]. 北京：电子工业出版社，2009.

[13] 章兆亮. UG NX 5 [M]. 北京：电子工业出版社，2009.

[14] 赵波. UG CAD 教程 [M]. 北京：清华大学出版社，2012.

[15] 赵波，陈向军. UG NX4 相关参数化设计培训教程 [M]. 北京：清华大学出版社，2006.

北京大学出版社教材书目

❖ 欢迎访问教学服务网站 www.pup6.com，免费查阅已出版教材的电子书(PDF 版)、电子课件和相关教学资源。

❖ 欢迎征订投稿。联系方式：010-62750667，童编辑，13426433315@163.com，pup_6@163.com，欢迎联系。

序号	书　名	标准书号	主编	定价	出版日期
1	机械设计	978-7-5038-4448-5	郑　江，许　瑛	33	2007.8
2	机械设计	978-7-301-15699-5	吕　宏	32	2013.1
3	机械设计	978-7-301-17599-6	门艳忠	40	2010.8
4	机械设计	978-7-301-21139-7	王贤民，霍仕武	49	2014.1
5	机械设计	978-7-301-21742-9	师素娟，张秀花	48	2012.12
6	机械原理	978-7-301-11488-9	常治斌，张京辉	29	2008.6
7	机械原理	978-7-301-15425-0	王跃进	26	2013.9
8	机械原理	978-7-301-19088-3	郭宏亮，孙志宏	36	2011.6
9	机械原理	978-7-301-19429-4	杨松华	34	2011.8
10	机械设计基础	978-7-5038-4444-2	曲玉峰，关晓平	27	2008.1
11	机械设计基础	978-7-301-22011-5	苗淑杰，刘喜平	49	2015.8
12	机械设计基础	978-7-301-22957-6	朱　玉	38	2014.12
13	机械设计课程设计	978-7-301-12357-7	许　瑛	35	2012.7
14	机械设计课程设计	978-7-301-18894-1	王　慧，吕　宏	30	2014.1
15	机械设计辅导与习题解答	978-7-301-23291-0	王　慧，吕　宏	26	2013.12
16	机械原理、机械设计学习指导与综合强化	978-7-301-23195-1	张占国	63	2014.1
17	机电一体化课程设计指导书	978-7-301-19736-3	王金娥　罗生梅	35	2013.5
18	机械工程专业毕业设计指导书	978-7-301-18805-7	张黎骅，吕小荣	22	2015.4
19	机械创新设计	978-7-301-12403-1	丛晓霞	32	2012.8
20	机械系统设计	978-7-301-20847-2	孙月华	32	2012.7
21	机械设计基础实验及机构创新设计	978-7-301-20653-9	邹旻	28	2014.1
22	TRIZ 理论机械创新设计工程训练教程	978-7-301-18945-0	删苏苏，马履中	45	2011.6
23	TRIZ 理论及应用	978-7-301-19390-7	刘训涛，曹　贺等	35	2013.7
24	创新的方法——TRIZ 理论概述	978-7-301-19453-9	沈萌红	28	2011.9
25	机械工程基础	978-7-301-21853-2	潘玉良，周建军	34	2013.2
26	机械工程实训	978-7-301-26114-9	侯书林，张　炜等	52	2015.10
27	机械 CAD 基础	978-7-301-20023-0	徐云杰	34	2012.2
28	AutoCAD 工程制图	978-7-5038-4446-9	杨巧绒，张克义	20	2011.4
29	AutoCAD 工程制图	978-7-301-21419-0	刘善淑，胡爱萍	38	2015.2
30	工程制图	978-7-5038-4442-6	戴立玲，杨世平	27	2012.2
31	工程制图	978-7-301-19428-7	孙晓娟，徐丽娟	30	2012.5
32	工程制图习题集	978-7-5038-4443-4	杨世平，戴立玲	20	2008.1
33	机械制图(机类)	978-7-301-12171-9	张绍群，孙晓娟	32	2009.1
34	机械制图习题集(机类)	978-7-301-12172-6	张绍群，王慧敏	29	2007.8
35	机械制图(第 2 版)	978-7-301-19332-7	孙晓娟，王慧敏	38	2014.1
36	机械制图	978-7-301-21480-0	李凤云，张　凯等	36	2013.1
37	机械制图习题集(第 2 版)	978-7-301-19370-7	孙晓娟，王慧敏	22	2011.8
38	机械制图	978-7-301-21138-0	张　艳，杨晨升	37	2012.8
39	机械制图习题集	978-7-301-21339-1	张　艳，杨晨升	24	2012.10
40	机械制图	978-7-301-22896-8	臧福伦，杨晓冬等	60	2013.8
41	机械制图与 AutoCAD 基础教程	978-7-301-13122-0	张爱梅	35	2013.1
42	机械制图与 AutoCAD 基础教程习题集	978-7-301-13120-6	鲁　杰，张爱梅	22	2013.1
43	AutoCAD 2008 工程绘图	978-7-301-14478-7	赵润平，宗荣珍	35	2009.1
44	AutoCAD 实例绘图教程	978-7-301-20764-2	李庆华，刘晓杰 ^	32	2012.6
45	工程制图案例教程	978-7-301-15369-7	宗荣珍	28	2009.6
46	工程制图案例教程习题集	978-7-301-15285-0	宗荣珍	24	2009.6
47	理论力学(第 2 版)	978-7-301-23125-8	盛冬发，刘　军	38	2013.9
48	材料力学	978-7-301-14462-6	陈忠安，王　静	30	2013.4
49	工程力学(上册)	978-7-301-11487-2	毕勤胜，李纪刚	29	2008.6
50	工程力学(下册)	978-7-301-11565-7	毕勤胜，李纪刚	28	2008.6
51	液压传动(第 2 版)	978-7-301-19507-9	王守城，容一鸣	38	2013.7
52	液压与气压传动	978-7-301-13179-4	王守城，容一鸣	32	2013.7

序号	书　名	标准书号	主　编	定价	出版日期
53	液压与液力传动	978-7-301-17579-8	周长城等	34	2011.11
54	液压传动与控制实用技术	978-7-301-15647-6	刘　忠	36	2009.8
55	金工实习指导教程	978-7-301-21885-3	周哲波	30	2014.1
56	工程训练(第3版)	978-7-301-24115-8	郭永环，姜银方	38	2016.1
57	机械制造基础实习教程	978-7-301-15848-7	邱　兵，杨明金	34	2010.2
58	公差与测量技术	978-7-301-15455-7	孔晓玲	25	2012.9
59	互换性与测量技术基础(第3版)	978-7-301-25770-8	王长春等	35	2015.6
60	互换性与技术测量	978-7-301-20848-9	周哲波	35	2012.6
61	机械制造技术基础	978-7-301-14474-9	张　鹏，孙有亮	28	2011.6
62	机械制造技术基础	978-7-301-16284-2	侯书林　张建国	32	2012.8
63	机械制造技术基础	978-7-301-22010-8	李菊丽，何绍华	42	2014.1
64	先进制造技术基础	978-7-301-15499-1	冯宪章	30	2011.11
65	先进制造技术	978-7-301-22283-6	朱　林，杨春杰	30	2013.4
66	先进制造技术	978-7-301-20914-1	刘　璇，冯　凭	28	2012.8
67	先进制造与工程仿真技术	978-7-301-22541-7	李　彬	35	2013.5
68	机械精度设计与测量技术	978-7-301-13580-8	于　峰	25	2013.7
69	机械制造工艺学	978-7-301-13758-1	郭艳玲，李彦蓉	30	2008.4
70	机械制造工艺学(第2版)	978-7-301-23726-7	陈红霞	45	2014.1
71	机械制造工艺学	978-7-301-19903-9	周哲波，姜志明	49	2012.1
72	机械制造基础(上)——工程材料及热加工工艺基础(第2版)	978-7-301-18474-5	侯书林，朱　海	40	2013.2
73	制造之用	978-7-301-23527-0	王中任	30	2013.12
74	机械制造基础(下)——机械加工工艺基础(第2版)	978-7-301-18638-1	侯书林，朱　海	32	2012.5
75	金属材料及工艺	978-7-301-19522-2	于文强	44	2013.2
76	金属工艺学	978-7-301-21082-6	侯书林，于文强	32	2012.8
77	工程材料及其成形技术基础(第2版)	978-7-301-22367-3	申荣华	58	2016.1
78	工程材料及其成形技术基础学习指导与习题详解(第2版)	978-7-301-26300-6	申荣华	28	2015.9
79	机械工程材料及成形基础	978-7-301-15433-5	侯俊英，王兴源	30	2012.5
80	机械工程材料(第2版)	978-7-301-22552-3	戈晓岚，招玉春	36	2013.6
81	机械工程材料	978-7-301-18522-3	张铁军	36	2012.5
82	工程材料与机械制造基础	978-7-301-15899-9	苏子林	32	2011.5
83	控制工程基础	978-7-301-12169-6	杨振中，韩致信	29	2007.8
84	机械制造装备设计	978-7-301-23869-1	宋士刚，黄　华	40	2014.12
85	机械工程控制基础	978-7-301-12354-6	韩致信	25	2008.1
86	机电工程专业英语(第2版)	978-7-301-16518-8	朱　林	24	2013.7
87	机械制造专业英语	978-7-301-21319-3	王中任	28	2014.12
88	机械工程专业英语	978-7-301-23173-9	余兴波，姜　波等	30	2013.9
89	机床电气控制技术	978-7-5038-4433-7	张万奎	26	2007.9
90	机床数控技术(第2版)	978-7-301-16519-5	杜国臣，王士军	35	2014.1
91	自动化制造系统	978-7-301-21026-0	辛宗生，魏国丰	37	2014.1
92	数控机床与编程	978-7-301-15900-2	张洪江，侯书林	25	2012.10
93	数控铣床编程与操作	978-7-301-21347-6	王志斌	35	2012.10
94	数控技术	978-7-301-21144-1	吴瑞明	28	2012.9
95	数控技术	978-7-301-22073-3	唐友亮　佘　勃	45	2014.1
96	数控技术(双语教学版)	978-7-301-27920-5	吴瑞明	36	2017.3
97	数控技术与编程	978-7-301-26028-9	程广振　卢建湘	36	2015.8
98	数控技术及应用	978-7-301-23262-0	刘　军	49	2013.10
99	数控加工技术	978-7-5038-4450-7	王　彪，张　兰	29	2011.7
100	数控加工与编程技术	978-7-301-18475-2	李体仁	34	2012.5
101	数控编程与加工实习教程	978-7-301-17387-9	张春雨，于　雷	37	2011.9
102	数控加工技术及实训	978-7-301-19508-6	姜永成，夏广岚	33	2011.9
103	数控编程与操作	978-7-301-20903-5	李英平	26	2012.8
104	数控技术及其应用	978-7-301-27034-9	贾伟杰	40	2016.4
105	现代数控机床调试及维护	978-7-301-18033-4	邓三鹏等	32	2010.11
106	金属切削原理与刀具	978-7-5038-4447-7	陈锡渠，彭晓南	29	2012.5
107	金属切削机床(第2版)	978-7-301-25202-4	夏广岚，姜永成	42	2015.1
108	典型零件工艺设计	978-7-301-21013-0	白海清	34	2012.8
109	模具设计与制造(第2版)	978-7-301-24801-0	田光辉，林红旗	56	2016.1
110	工程机械检测与维修	978-7-301-21185-4	卢彦群	45	2012.9

序号	书　名	标准书号	主　编	定价	出版日期
111	工程机械电气与电子控制	978-7-301-26868-1	钱宏琦	54	2016.3
112	工程机械设计	978-7-301-27334-0	陈海虹，唐绪文	49	2016.8
113	特种加工(第 2 版)	978-7-301-27285-5	刘志东	54	2017.3
114	精密与特种加工技术	978-7-301-12167-2	袁根福，祝锡晶	29	2011.12
115	逆向建模技术与产品创新设计	978-7-301-15670-4	张学昌	28	2013.1
116	CAD/CAM 技术基础	978-7-301-17742-6	刘 军	28	2012.5
117	CAD/CAM 技术案例教程	978-7-301-17732-7	汤修映	42	2010.9
118	Pro/ENGINEER Wildfire 2.0 实用教程	978-7-5038-4437-X	黄卫东，任国栋	32	2007.7
119	Pro/ENGINEER Wildfire 3.0 实例教程	978-7-301-12359-1	张选民	45	2008.2
120	Pro/ENGINEER Wildfire 3.0 曲面设计实例教程	978-7-301-13182-4	张选民	45	2008.2
121	Pro/ENGINEER Wildfire 5.0 实用教程	978-7-301-16841-7	黄卫东，郝用兴	43	2014.1
122	Pro/ENGINEER Wildfire 5.0 实例教程	978-7-301-20133-6	张选民，徐超辉	52	2012.2
123	SolidWorks 三维建模及实例教程	978-7-301-15149-5	上官林建	30	2012.8
124	UG NX 9.0 计算机辅助设计与制造实用教程(第 2 版)	978-7-301-26029-6	张黎骅，吕小荣	36	2015.8
125	CATIA 实例应用教程	978-7-301-23037-4	于志新	45	2013.8
126	Cimatron E9.0 产品设计与数控自动编程技术	978-7-301-17802-7	孙树峰	36	2010.9
127	Mastercam 数控加工案例教程	978-7-301-19315-0	刘 文，姜永梅	45	2011.8
128	应用创造学	978-7-301-17533-0	王成军，沈豫浙	26	2012.5
129	机电产品学	978-7-301-15579-0	张亮峰等	24	2015.4
130	品质工程学基础	978-7-301-16745-8	丁 燕	30	2011.5
131	设计心理学	978-7-301-11567-1	张成忠	48	2011.6
132	计算机辅助设计与制造	978-7-5038-4439-6	仲梁维，张国全	29	2007.9
133	产品造型计算机辅助设计	978-7-5038-4474-4	张慧姝，刘永翔	27	2006.8
134	产品设计原理	978-7-301-12355-3	刘美华	30	2008.2
135	产品设计表现技法	978-7-301-15434-2	张慧姝	42	2012.5
136	CorelDRAW X5 经典案例教程解析	978-7-301-21950-8	杜秋磊	40	2013.1
137	产品创意设计	978-7-301-17977-2	虞世鸣	38	2012.5
138	工业产品造型设计	978-7-301-18313-7	袁涛	39	2011.1
139	化工工艺学	978-7-301-15283-6	邓建强	42	2013.7
140	构成设计	978-7-301-21466-4	袁涛	58	2013.1
141	设计色彩	978-7-301-24246-9	姜晓微	52	2014.6
142	过程装备机械基础(第 2 版)	978-301-22627-8	于新奇	38	2013.7
143	过程装备测试技术	978-7-301-17290-2	王毅	45	2010.6
144	过程控制装置及系统设计	978-7-301-17635-1	张早校	30	2010.8
145	质量管理与工程	978-7-301-15643-8	陈宝江	34	2009.8
146	质量管理统计技术	978-7-301-16465-5	周友苏，杨 飒	30	2010.1
147	人因工程	978-7-301-19291-7	马如宏	39	2011.8
148	工程系统概论——系统论在工程技术中的应用	978-7-301-17142-4	黄志坚	32	2010.6
149	测试技术基础(第 2 版)	978-7-301-16530-0	江征风	30	2014.1
150	测试技术实验教程	978-7-301-13489-4	封士彩	22	2008.8
151	测控系统原理设计	978-7-301-24399-2	齐永奇	39	2014.7
152	测试技术学习指导与习题详解	978-7-301-14457-2	封士彩	34	2009.3
153	可编程控制器原理与应用(第 2 版)	978-7-301-16922-3	赵 燕，周新建	33	2011.11
154	工程光学	978-7-301-15629-2	王红敏	28	2012.5
155	精密机械设计	978-7-301-16947-6	田 明，冯进良等	38	2011.9
156	传感器原理及应用	978-7-301-16503-4	赵 燕	35	2014.1
157	测控技术与仪器专业导论(第 2 版)	978-7-301-24223-0	陈毅静	36	2014.6
158	现代测试技术	978-7-301-19316-7	陈科山，王 燕	43	2011.8
159	风力发电原理	978-7-301-19631-1	吴双群，赵丹平	33	2011.10
160	风力机空气动力学	978-7-301-19555-0	吴双群	32	2011.10
161	风力机设计理论及方法	978-7-301-20006-3	赵丹平	32	2012.1
162	计算机辅助工程	978-7-301-22977-4	许承东	38	2013.8
163	现代船舶建造技术	978-7-301-23703-8	初冠南，孙清洁	33	2014.1
164	机床数控技术(第 3 版)	978-7-301-24452-4	杜国臣	43	2016.8
165	机械设计课程设计	978-7-301-27844-4	王 慧，吕 宏	36	2016.12
166	工业设计概论(双语)	978-7-301-27933-5	窦金花	35	2017.3
167	产品创新设计与制造教程	978-7-301-27921-2	赵 波	31	2017.3

如您需要免费纸质样书用于教学，欢迎登陆第六事业部门户网(www.pup6.com)填表申请，并欢迎在线登记选题以到北京大学出版社来出版您的大作，也可下载相关表格填写后发到我们的邮箱，我们将及时与您取得联系并做好全方位的服务。